中国社会研究叢書
21世紀「大国」の実態と展望 5

中国の「村」を問い直す
流動化する農村社会に生きる人びとの論理

南 裕子／閻 美芳 ［編著］

明石書店

刊行のことば

 21世紀「大国」の中国。その各社会領域―政治，経済，社会，法，芸術，科学，宗教，教育，マスコミなど―では，領域相互の刺激と依存の高まりとともに，領域ごとの展開が加速度的に深まっている。当然，各社会領域の展開は一国に止まらず，世界の一層の複雑化と構造的に連動している。言うまでもなく私たちは，中国の動向とも密接に連動するこの世界のなかで，日々選択を迫られている。それゆえ，中国を研究の対象に取り上げ，中国を回顧したり予期したり，あるいは，中国との相違や共通点を理解したりすることは，私たちの生きている世界がどのように動いており，そのなかで私たちがどのような選択をおこなっているのかを自省することにほかならない。

 本叢書では，社会学，政治学，人類学，歴史学，宗教学などのディシプリンが参加して，領域横断的に開かれた問題群―持続可能な社会とは何であり，どのようにして可能なのか，あるいはそもそも，何が問題なのか―に対峙することで，〈学〉としての生産を志す。そこでは，問題と解決策とのあいだの厳密な因果関係を見出すことよりも，むしろ，中国社会と他の社会との比較に基づき，何が問題なのかを見据えつつ，問題と解決策との間の多様な関係の観察を通じて，選択における多様な解を拓くことが目指される。

 確かに，人文科学，社会科学，自然科学などの学問を通じて，私たちの認識や理解があらゆることへ行き届くことは，これまでにもなかったし，これからもありえない。ましてや現在において，学問が世界を考えることの中心や頂点にあるわけでもない。あるいは，学問も一種の選択にかかわっており，それが新たなリスクをもたらすことも，もはや周知の事実である。こうした学問の抱える困難に謙虚に向き合いつつも，そうであるからこそ，本叢書では，21世紀の〈方法としての中国〉―選択における多様な解を示す方法―を幾ばくかでも示してみたい。

2018年2月
日中社会学会会長　首藤　明和

中国の「村」を問い直す
―― 流動化する農村社会に生きる人びとの論理

*

目　次

刊行のことば（首藤明和）／3

はじめに　構造変動下にある中国の村をとらえるための課題
　●南　裕子　／13

1. 本書のねらい　／13
2. 中国農村部の構造変動の諸相　／14
   - 2-1　村の領域の変化　／14
   - 2-2　村と郷鎮政府の関係の変化　／17
   - 2-3　村の常住人口の構造変化　／18
3. 変動のとらえ方　／19
4. 本書の課題と構成　／22
   - 4-1　本書の課題　／22
   - 4-2　本書の構成　／24

第一部　激変する村の底流にひそむ力とその可能性
　／31

第1章　'アウトロー'的行為の正しさを支える中国生民の正当性論理——天津市武清区Ｘ村の団地移転を事例として
　●閻　美芳　／32

1. 不条理を生きる農民の正当性主張　／32
2. 団地移転の不条理　／34
3. 農民を団地に移転させる「団地移転プロジェクト」　／36
   - 3-1　村の概況　／36
   - 3-2　Ｘ村における「団地移転プロジェクト」の導入　／38
   - 3-3　団地移転に抵抗する2つの事例　／42
   - 3-4　分離戸に託した生活保障機能　／45

4. 移転しない・する村びとの生活実践 / 48
   4-1 開墾農地による生活水準の向上 / 48
   4-2 団地移転後の権利主張 / 51
   4-3 楼房の物業管理費を払わない / 53
5. 正しい行為を支える論理 / 55
   5-1 天経地義の権利 / 55
   5-2 「正しい」行動を支える人びとの共通観念 / 57
6. おわりに / 59

第2章 農村公共サービス制度の変動と村落ガバナンス
——成都市の「経費進村」を事例として
●陳 嬰嬰・折 暁葉（訳・南 裕子） / 62

1. はじめに / 62
2. 村の公共サービスの苦境——「村の機能不全」 / 64
3. 成都市の事例：「経費進村」——政府が推進する制度変化 / 67
   3-1 「経費進村」の制度設計 / 68
   3-2 主体は村民——民主的意思決定，監督，情報のフィードバック / 69
4. 村の対応——外からの制度の受容 / 72
   4-1 公共利益の再構築 / 72
   4-2 村での協議と意思決定——公正の原則とローカルな知識 / 76
   4-3 「こと(事)」がもたらした村の新たなアイデンティティと参加 / 82
5. おわりに——村の公共サービス制度と村の公共秩序，公共ガバナンスの再建 / 86

第二部　観光開発に向き合う村の自律性　／*91*

第3章　農家楽山村の議事にみる公の生成──宗族単姓村である北京市官地村を事例として◉閻　美芳　／*92*

1. 村びとのプライバシーと公　／*92*
2. 礼治の原理と「良心」　／*93*
3. 宗族からみる村長の選出と評価　／*95*
   - 3-1 村の概況と宗族結合　／*95*
   - 3-2 官地村における農家楽経営と女性の活躍　／*98*
   - 3-3 宗族と村落の選挙　／*103*
   - 3-4 親子間における人物評価　／*106*
   - 3-5 農家楽経営権の賃貸料金をめぐる情報の共有　／*108*
4. オープンな「公」の生成原理　／*111*
5. おわりに　／*112*

第4章　中国農村における地域社会の開放性と自律性──北京市郊外一山村の観光地化を事例として◉南　裕子　／*116*

1. はじめに　／*116*
2. 村の開放性と自主性，自律性をめぐる議論　／*117*
   - 2-1 村落社会論　／*117*
   - 2-2 観光開発と地域社会　／*119*
   - 2-3 本章の課題　／*121*
3. 官地村における地域の開かれ方　／*122*
   - 3-1 官地村概況　／*122*
   - 3-2 官地村農村ツーリズムの形成と混住化　／*123*
4. 官地村農村ツーリズムにかかわる主体とその相互関係　／*126*

        4-1 村外の主体との関係 ／*127*
        4-2 村集団と村民，および村民同士の関係 ／*129*
  5. 官地村ツーリズムに見る地域の開き方と地域の自律性
      ／*131*
  6. おわりに ／*136*

第5章 「留守」を生きる村──中国東北地域の朝鮮族村の観光化に着目して●林 梅 ／*143*

  1. はじめに ／*143*
  2. 少数民族としての中国朝鮮族 ／*146*
  3. 延辺朝鮮族自治州とG村の概要 ／*148*
  4. G村の観光化の取り組み ／*150*
  5. 「受動的立場」と「主導的立場」の関係 ／*154*
        5-1 観光資源化とその「正統性」 ／*154*
        5-2 担い手としての「他者」 ／*160*
        5-3 朝鮮族の「よそ者」 ／*163*
        5-4 村の有力者 ／*165*
  6. おわりに ／*168*

第三部　人口流動化の中の村の存続戦略　／*175*

第6章 「対立」から「融合」と「管理」へ──流動人口のネットワークをめぐる流入地での戦略●陸 麗君 ／*176*

  1. 問題意識 ／*176*
  2. 先行研究について ／*177*
        2-1 概念の整理 ／*177*
        2-2 流動人口の社会融合についての先行研究 ／*178*
        2-3 流動人口と同郷的ネットワーク ／*179*

3. 調査地の概況 ／*180*
4. Z 鎮流動人口の社会融合と同郷的ネットワーク ／*182*
    4-1 圧力団体——労災、賃金に関するトラブルにおける同郷的ネットワークの役割 ／*183*
    4-2 「新旧 Z 鎮人和諧聯誼会」の設立——社会融合促進の試み ／*185*
5. 流動人口への総合サービス ／*193*
6. おわりに ／*195*

第 7 章 中国都市にみる「村」社会と民間信仰
——深圳の「城中村」を中心に●連 興檳 ／*199*

1. 圧縮された都市化とその影響 ／*199*
2. 城中村の誕生——深圳の農村都市化を事例に ／*201*
    2-1 城中村の特徴 ／*202*
    2-2 深圳からみた「村」社会の形成 ／*203*
3. 村社会における民間信仰の意味——「宗族信仰」と「神明信仰」を中心に ／*206*
    3-1 宗族信仰 ／*206*
    3-2 神明信仰 ／*208*
4. 都市における「村」社会の現状——深圳の SG 村を事例に ／*209*
    4-1 SG 村の概況 ／*210*
    4-2 SG 村の伝統的建築 ／*212*
5. 「村」社会にみる民間信仰の変容—— SG 村の祠堂と廟を中心に ／*213*
    5-1 SG 村の祠堂と宗族信仰 ／*214*
    5-2 SG 村の廟と神明信仰 ／*218*
6. おわりに——都市部の「村」社会は終焉を迎えたか ／*223*

目　次

おわりに──「生成する村」の視点からとらえる中国の村
●閻　美芳・南　裕子　／*233*

1. なぜ今，中国の農村にフォーカスするのか　／*233*
2. 「尺蠖の屈め」によって対応する中国農村　／*234*
3. 「生成する村」　／*236*
   - 3-1　研究史との対話　／*236*
   - 3-2 「生成する村」の平常時を支えるもの　／*238*
   - 3-3　社会主義体制下の「生成する村」　／*241*
4. おわりに──「生成する村」から見る中国村落の今後　／*243*

あとがき●南　裕子　／*245*

索　引　／*248*

はじめに　構造変動下にある中国の村を とらえるための課題

南　裕子

1. 本書のねらい

　本書は，中国の農村社会が新たな構造変動の下にあるという執筆者の共通認識の下，今日，さまざまな姿を見せる中国の村について，その社会的性格を再考し，さらには，そこに生きる人びとの生活や生存の論理を探ろうとするものである。地域社会の秩序形成原理，地域の自主性や自律性がいかに立ち上がるのかを主たる問題として，このテーマにアプローチすることを試みている。

　我々が中国農村の構造変動期としてとらえているのは，2000年代に入ってから今日までの時期である。農村部が危機的様相を示した「三農問題」（農業，農村，農民問題）からの脱却が図られるようになった時期となり，農村政策の面で大きな転換が見られた。「税費改革」（農民に課された税や費用，労務の負担軽減，最終的には農業税の廃止），総合的な農村振興策である「新農村建設」[1]や「農村社区建設」[2]がその代表的なものである。同時に，改革開放以降，特に1990年代以降に本格化した市場経済化も農村部の経済，社会に引き続き大きな影響をもたらし，人，モノ，資本が村の境界を越えて移動し，農村社会の開放性はますます高まっていった。

　では，こうした変動が，我々の問題関心である村レベルではどの

ように表れているのかを概観してみよう。なお，中国においても，村について，「自然村」と「行政村」という表現が存在する。もっとも，「行政村」と言っても，制度上，中国の村は，国の地方政府機構に属することはない。「村民委員会組織法」で規定される基層の大衆による自治組織としての村が，一般的には「行政村」とされている。この意味での「行政村」と歴史的に形成された集落としての「自然村」は一致することもあれば，「行政村」が複数の「自然村」から構成されることもある。以下本章では，村は，この自治組織の単位とされる村の領域を指すこととする。そして，村の基本的属性として，一定の領域を持ち，人びとの共同生活が営まれる場所であり，同時に統治のユニット（受け皿）であるという3点を措定する。

以上のような前提にたつと，村のあり方に関連する農村の構造的変動として，2000年代以降に顕著になった次の3点を指摘することができるだろう。それは，(1) 村の境界，すなわち領域自体の変化，(2) 村と上位行政（特に郷鎮政府）との関係の変化，(3) 村に常住する人口の構成の変化，である。ではこれらについて，次節で順にみてみよう。

2. 中国農村部の構造変動の諸相

2-1 村の領域の変化

第1に，村の領域の変化は，村の数の減少に表れている。村民委員会数は，2000年73万1,659，2006年62万3,669，2010年59万4,658と減少を続け，2016年には55万9,000となった（中国統計年鑑2017）。そして，こうした村の数の減少は，村民の生活，村のかたちやあり方に大きな影響を与えながら進行している。

はじめに　構造変動下にある中国の村をとらえるための課題

　まず，村民委員会数減少の要因とその背景をみると，要因には大きく次の3つがある（王 2013: 18-19）。1つは，複数の村の合併である。2つ目は，村全体が村民委員会から都市の基層自治単位である社区居民委員会に転換したこと（「村改居」）。なお，その転換途中の状態にあるのが，本書第7章で論じられる「城中村」である。3つ目は，村全体が再開発で立ち退きの対象となり消滅したためである。立ち退きでは，村民は，分散してまたは村全体で，都市や街の集合住宅エリアやあるいは再開発で新たに建設された大型の集住エリアへ移住することとなる。

　これらの背景には，都市化により，都市周辺部農村の土地の用途が変更されていくスプロール現象のほか，「都市農村一体化」，「新農村建設」，「農村社区建設」，「新型農村社区建設」などの農村振興政策により，村を超えた広域で農村の再編，整備がなされたことも指摘できる。そして近年，こうした農村再編，整備は，多くの場合，村民の居住地の集中化（「集中居住」），しかも集合住宅への移住（「農民上楼」）を伴うものになっていることに注意したい。例えば，上述の村落合併要因の3つ目の事例として紹介されていた山東省諸城市の村は，村落合併と共に村民委員会も廃止して農村社区に転換するという独自の方法が採用されたことで著名であるが，その際の居住環境整備でも集住化が行われた。

　だが，「農村社区建設」の政策では，必ずしも村落合併，さらにはそれによる集住化が明示的に要求されていたわけではないようである。例えば，中国共産党中央弁公庁と国務院弁公庁から2015年に出された「関于深入推進農村社区建設試点工作的指導意見（農村社区建設モデルづくりを深く推進することについての指導意見）」（以下，「指導意見」とする）でも，その主たる要求内容は，農村社区による農村部のインフラ整備（主として生活環境整備），公共サービスの普及・向上，農村ガバナンスの改善であり，村落合併や集住化については言

及されていない。一方，2000年代末から各地で盛んになった「新型農村社区建設」は，農民の集住化を当初から目的とするものであると言える[3]。

　農村で集住化を行う理由には，村内の土地の有効利用により，村民の宅地，公共施設の用地を捻出するという村内部の需要にこたえる場合もある。しかし，都市化に伴う土地（建設用地）需要に応えるために，農村部の土地利用が再編されることも見逃すことはできない。村落合併をし，さらに居住形態を集住化することにより，節約された分の土地（建設用地）が，都市周辺部であれば国有地化されて都市に編入される。また，都市周辺部に位置しない村においても，捻出された建設用地を耕地に変えることで，それが都市部での農地転用分の振替地になる。こうして地方政府は，都市の建設用地の指標（枠）を新たに獲得することができ，そしてその建設用地の使用権を売却する土地取引により，財政収入を確保しつつ都市化も推進することが可能になる[4]。

　このように農村の土地利用を再編する農村整備の資金は，農業や農村振興関連の国の事業費を組み合わせて獲得することで調達されている（「項目下郷」）。しかし，国の事業導入にあたっては，地方政府の負担も求められる。その負担資金捻出のための方法として，地方政府が企業の農村投資を呼び込み，両者が連合して村に入るということが起きている。これは「資本下郷」と呼ばれ，焦長権と周飛舟は「村の経営」と名付けている（焦・周 2016: 115）。この時，企業にとってのメリットは，国家事業によりインフラ等の整備が行われることや，農業，農村支援関係の政府補助金を得られるということがある。また，農村で企業が展開する事業も，「農業用途」という土地利用の概念が広く設定されていることにより，観光関連の開発なども行われており，農村への投資で幅広く事業展開し利益を見込むことが可能になっている。

農村振興策の一環としてなされた村落合併そして集住化は,その土地で暮らし,生計を立ててきた農民の生活を大きく変え,村のかたち,あり方にも大きな影響をもたらすことになる。しかし,このプロセスにどこまで村民が関わることができているのかは問題であり,その実態からは,一体誰のための農村整備事業なのかという疑問が生じることにもなる。こうした状況下における農民の行動の論理に迫ったのが本書第1章である。

2-2　村と郷鎮政府の関係の変化

　次に,村とその上位行政(郷鎮)の関係の変化について見てみよう。税費改革以降,国の農村統治のあり方は,農民を強制的に管理・コントロールし,農民から収奪を行う従来の性格から脱却し,政府機構は農民にサービスを提供するよう機能転換が求められた[5]。だが,実際には,郷鎮政府の機能転換は,経済発展が立ち遅れた地域においては順調ではなかった。趙暁峰と張紅は,「恵農政策」と呼ばれる国の一連の農業,農村政策によって,「観念上の国家が農民生活に介入する能力はますます強まったが,実体としての国家はますます農民の生活から遠ざかり始めた」と指摘している(趙・張 2012: 80)。「観念上の国家」とは,農民が受益する「恵農政策」を次々に打ち出す中央政府である。そして,「実体としての国家」は,郷鎮政府および行政機関化した村を指していた。

　ここでは郷鎮政府についての議論に限定するが,郷鎮政府が村や村民との関係が希薄になった要因の1つとして,国(中央)の農業・農村支援政策が,郷鎮政府や村を介さずに直接農民を対象としたことが挙げられる。そしてこのほかに,郷鎮政府の財政力の問題もある。農民から税や費用を徴収することが制限(禁止)されたことにより,地方政府の財政力はさらに弱まり,農民に独自にサービスを提供することもできなくなっていた(周 2006)。また,村や農民か

ら税や費用，労務を取り立てる必要がなくなったことにより，村のガバナンスへの関与の点でも，郷鎮政府（郷鎮幹部）の村落コミュニティからの「脱埋め込み」が進んだ（趙・張 2012）。さらに，郷鎮政府の上位行政の県レベルでは，都市化が重点課題となり，開発区設置と企業誘致での「都市経営」による地域発展を志向している。このため，郷鎮政府もそれに沿った志向性を持ち，村のガバナンスへの関心は低下した。

だが，新農村建設にともなう農村整備，農業発展プロジェクトの事業資金が投入された地域では，事業資金と共に郷鎮政府も村に入ることとなり，新たな関係性が形成されている。農村整備事業の成功や新農村建設のモデル地域の成果を上げることが，郷鎮政府を含む地方政府に求められたためである。ただし，地方政府は管轄内のすべての村に等しくではなく，選択的に介入するのであり，それは投入される資源の違いにもなる。

政府およびそれに付随する企業が村に入ることによりもたらされる影響については，論者やその事例とする地域によって異なり，村の自治の崩壊につながるという主張もあれば，むしろ村の自主性発揮の契機ととらえる議論もある（詳細は第4章参照）。また，農村基層ガバナンスの基礎が，村と農民から村民と企業に変化するという指摘もある（焦・周 2016: 115）。

2-3 村の常住人口の構造変化

次に，村を構成する人口の変化については，過疎化と混住化の2つの現象が発生している。地域によっては，本書第2部の各事例にもあるように，本村人の流出と外村人の流入が同時発生もしている。ただし，中国農村の過疎化，混住化には，戸籍制度およびそれとリンクする土地の集団所有制により，日本で見られる現象とはまた異なる特徴も見られる。

中国農村の過疎化は多くの場合，常住人口の減少であり，村の戸籍からも離脱してしまうケースはこれまで少なかった。出稼ぎにより青壮年層が通年で村を離れ，村に残るのは女性，子供，老人となり，これらの人びとはそれぞれの記念日から「386199部隊」と名付けられていることは広く知られているところである[6]。親と長年離れて村で生活する子供たちの生活やメンタル面の問題（「留守児童問題」）は，深刻な社会問題となっている[7]。

一方，混住化は村の戸籍のない外来者の増加によるものである。農業労働者や工商業労働者として豊かな農村へ労働移動するほかに，都市民が農村に避暑や避寒で季節的に訪れ長期滞在したり，別荘を購入したりすることも見られるようになっている[8]。上述2015年の「指導意見」でも，その中に「戸籍住民と非戸籍住民の調和のとれた付き合いを推進する」という文言があり，これは混住化の広がりを反映しているものと言えよう。また，2012年に改正された「村民委員会組織法」でも，「戸籍がその村にないが，1年以上居住し，本人が選挙参加を申請し，かつ村民会議または村民代表会議の同意を得た公民は登録が可能である」という規定が加えられた。このことも，混住化の進展を示すものと見ることができるだろう。

1つの村が上述（2-1，2，3）の変化のすべてを経験しているわけではない。だが，これらのどれかに該当したり，また現在はそうでなくとも，将来の展開方向としてこれらの状況が予見されたりするような地域は多い。

3. 変動のとらえ方

我々が着目する以上のような農村社会の変動については，さまざまな研究者がその特質をとらえようとしている。例えば，陸益龍は，ポスト郷土社会（「后郷土社会」）という用語で今日の農村社会の基本

的特徴を表現している（陸 2015）。これは，費孝通の用いた「郷土性」の概念をベースとするものである。「郷土性」が一部保持されつつも，流動性の高まりによる農村社会構造の分化と多様化，農村社会空間の公共性の強化が生じていることが特徴であるとしている[9]。

現在の農村におけるこうした新旧の要素の融合の持つ意味をより深く探求しているのが，文軍と呉越菲による「新郷村性（new rurality）」の議論である。文らは，村落の定義に広義と狭義を設定し，広義の村落は，村民と狭義の村落から構成されるとした。ここでの村民とは，伝統的な郷村社会文化の特徴を備えた人とされた。そして狭義の村落とは，村民に外在するもので，一定の客観性と構造性を持つ物理的，社会的，文化的な空間であると定義している（文・呉 2017: 26-27）。そして，狭義の村落の有無，村民の有無によって，村落の4類型を設定し，中でも村落の転換プロセスにある「無村民──有村落型」に着目した（「無村民」とは，村民が社会，文化の面で市民化している状態にあること）。この類型では，具体的には「空心村」，「城中村」，「新市村」がある[10]。事例の分析から，「無村民──有村落型」においては，村民が市民化することと村落空間が伝統性を存続させることの間に，「一種の特殊な共生関係」が生じており，村落は村民が都市性と現代性を獲得する重要な「場，媒体」となっていることを指摘した（文・呉 2017: 40）。rurality（「郷村性」）は崩壊せず，この共生関係により「新郷村性」が形成されていることを提起している。

また，本書の執筆者の1人でもある林梅は，その著書で「閉鎖的村落社会」から「開放的村落社会」への移行を論じている（林 2014）。地域の流動性の高まりによって，緊密だからこそ息苦しい側面も備えている村社会における負のエネルギーは，ほどほどに放出可能となり，その蓄積が回避される。一方，村民は村を去っても

村との関係を断絶するとは限らない。そのため，外部社会で蓄積した経験を生かして，村社会を「居心地よく開放的な村社会」へと変えていく工夫が試みられるようにもなるという（林 2014: 183-184）。この議論もやはり，変動によって生じた新旧要素の混在が，地域社会にポジティブに作用する側面があることを指摘していると言える。

一方で，農村のガバナンスを問題関心とする研究者は，現状をむしろ危機的にとらえる傾向にある。黄家亮は，「農村社区建設」の背景の1つとして，農村共同体の構築の必要性があったことを指摘する。地方政府であれ，村レベルの村民自治であれ，農村のガバナンスメカニズムが機能していないこと，公共価値（コミュニティ内で共有されている価値観，公的事項への関心や参加意識）の希薄化や欠如が問題であるという（黄 2014: 79-80）。また，趙曉峰は，これまで農村の基層で機能していた半フォーマルガバナンス（「半正式治理」）が，特に21世紀に入ってから難しくなっていることを論じている（趙 2013）。趙は，農村の基層では，正式な国家官僚行政体制（公域）とインフォーマルな地方秩序（私域）の協調的作用による半フォーマルガバナンス（「半正式治理」）が歴史的に実践されてきたことを示し，そのメカニズムを分析している。現在は，国家の制度建設が進展する「公域」ともう一方の「私域」が，それぞれに変化して両者の間でズレが生じ，半フォーマルガバナンスの形成に影響していると，趙は指摘する。

なお，新型農村社区建設の調査研究を行った小林一穂は，集住化により「中国の農村社会は，農村でありながら農村ではない，という独特なものになるかもしれない」と述べている（小林ほか 2016: 47）。農村には，都市とは区別される農村独自の社会関係とそれによって形成される地域社会のあり方が存在する。だが，集住化がそれを崩すような構造変動をもたらすことを予見しているのである。小林の議論は，農村における社会関係や地域社会の構築のされ方に

根本的な変化を見出す点に特徴がある。

4. 本書の課題と構成

4-1 本書の課題

　本書は，冒頭で述べたように，以上のような構造的変動期にある中国の村の社会的性格を，地域の秩序形成原理や地域の自主性，自律性の観点からとらえようとするものである。こうした問題に対してより直接的にアプローチしている先行研究には，本書の共編者である閻美芳の「体情」を介して形成される「下からの公」の議論（閻 2017）や上述の趙暁峰の論じた「私域」における人びとの行動論理，秩序形成メカニズムの考察がある。

　また，農民の組織化，農村自治やガバナンスの議論が，この問題とかかわることも多い。中国の村の特徴として，田原史起と松里公孝は，村のガバナンスの問題が「『みんなで解決する』かないしは『誰も解決できないか』の状態に」置かれることを指摘している（田原・松里 2013: 169）[11]。そうなると，「みんなで解決する時に，どうみんなが集まるのか」が１つの論点となる。

　この点について，これまで多くの中国社会研究では，個人的なネットワークが輻輳する社会としてとらえることがいわば共通認識になっていた。例えば，費孝通の「差序格局」や人間関係優先主義，「個人的に結ばれる絆のダイナミズム」（佐々木 2003: 7）等の議論が代表的である。

　農村研究においても，こうした特性の上で形成される地域の共同性のあり方が，論者によりさまざまに議論されてきた。そして，それらは地域のリーダーのあり方に着目する点でも共通性を持つ。例えば，首藤明和は，村落生活の内容が「后台人」と呼ばれる地域の

実力者の個人的資質により左右されることを実証的に明らかにして，村落の存立構造の個人的性格を説明した（首藤 2003）。田原史起は，「つながり」から「まとまり」の形成の鍵として，地域の共有財産の重要性と共にリーダーシップのあり方を論じ（田原 2008），また，住民の自己管理活動としての村落自治は，「有力な個人の保有するネットワークにより，非組織的で状況性に彩られた実力主義的営為として現れてきた」ととらえている（田原 2002: 16）。そして，佐々木衛も，村の共有財産に着目し，中国の村の性格を「持ち寄り関係」としてとらえ，それを方向づける村の政治・行政リーダーの存在を指摘した。そして，村落には，政治・行政リーダーに加えて，家族・親族関係の中心人物や政治・行政からは距離を置く社会生活の側面でのリーダーも存在し，これらのリーダーが村民とフォーマル，インフォーマルに結びつきながら，複層的な村落社会を構成していることを論じている（佐々木 2003: 363-370）。また，筆者もかつて，村落空間は実力者が影響力を持つ私的空間が拡大した形で秩序形成されること，そして，そうしたリーダーと村民の個別的関係が輻輳する社会的領域として村落構造がとらえられることを論じた（南 2009: 247）。

　一方，上述の田原・松里が指摘する「誰も解決できない」状況にあっても，村の人びとの生活は営まれているとするならば，ギリギリのところでその生活，生存を支えているものは何かということも，重要な論点となる。だが，この問題についてはまだ充分に解明されているとは言い難い。近年，村ではなく村民小組（自然村）で実質的な自治活動が展開されるケースが報告されているが，それはこの問題とのかかわりで解釈することも可能かもしれない。合併で規模が大きくなりすぎてしまったことや，行政組織化が進むことで，村（行政村）が住民のための自治活動の単位であることに限界が生じ，自治の重心が行政村から自然村のレベルに移動することが起きてい

るのである[12]。つまり、自治のユニットの縮小が、「誰も解決できない」状況を打開するための1つの方策となっていると見ることができるのではないだろうか。

本書では、以上のような先行研究での議論も踏まえ、執筆者それぞれのフィールド調査からの知見を基に、構造変動下の中国の村の連続性や新たな特徴をさぐることとなる。

4-2　本書の構成

では、本書を構成する各章を紹介しよう。

第一部は、新農村建設のプロジェクトに直接向き合うことになった村や農民の論理が論じられる。第1章「'アウトロー'的行為の正しさを支える中国生民の正当性論理——天津市武清区X村の団地移転を事例として」（閻美芳）は、「団地移転プロジェクト」の対象となった農民が、移転を拒否したり、団地の芝生を開墾して野菜を植えたりするような行政の認めない行為（'アウトロー'的行為）をとることについて、その背後にある論理を分析した。'アウトロー'的行為を行う村民には、本来、民衆の生活は保障されるべきという「生民」の思想がある。さらに、村や行政が自分たちの生存に対して本来すべきことをしていないため、それを自分たちの自助努力で補うという、行政と立場を逆転することをも肯定する感覚がある。だからこそ、人びとは、自らの行為を「正しい」とし、この感覚を共有する。閻は、こうした論理を「中国生民の正当性論理」と名付け、中国古来の「天下・生民」思想の直系とみなすことも可能ではないかと論じた。

第2章「農村公共サービス制度の変動と村落ガバナンス——成都市の『経費進村』を事例として」（陳嬰嬰、折暁葉）は、第1章とは異なり、村の外部からもたらされた公共サービスの新しい制度（「経費進村」）が、村の公共秩序を再構築した事例である。成都市の

はじめに　構造変動下にある中国の村をとらえるための課題

「経費進村」は，従来の国家から農村への公共サービスの投入方法とは異なり，村民の参加が制度に埋め込まれていたことが大きな特徴である。陳と折は，事例村での「経費進村」の実施過程を詳細に観察することにより，この外来の制度を実施する過程で，村に元来あったローカルな知識や公正の原則が生かされながら，村民が主体的に村のことにかかわり，意思決定が実現したことを明らかにした。そして，このことは，村の公共的な利益の再構築，そして村の公共秩序の再建の意味を持つと論じた。

　続く第二部の3つの章は，村社会の秩序，共同性，主体性の問題を，村の観光開発過程への観察から分析している。第3章「農家楽山村の議事にみる公の生成——宗族単姓村である北京市官地村を事例として」（閻美芳）は，村の秩序形成において，血縁の親疎に基づく宗族秩序に加えて，もう1つの原理が存在することを明らかにした。閻は，調査村の村民が，プライベートな話を，村の広場で，さらにはよそ者である筆者に対してもすることに疑問を持ち，村長についての人物評価，老人扶養問題，農家楽経営権の賃貸料という3つの事柄について，人びとは何をどのように語り合うのかを分析した。その結果，村内で日常的に行われる「人としてどうか」にかかわる議事が，地域の公秩序をオープンな形で絶えず生成していることを明らかにした。

　第4章「中国農村における地域社会の開放性と自律性——北京市郊外一山村の観光地化を事例として」（南裕子）は，別荘地化，観光地化の進む北京市郊外の村を事例に，外部からの人，資本に対し，地域の自律性をいかに保持することができるのかを検討した。村で立ち上げた企業を軸に組織的に地域経営を行うものとは異なるタイプの村をあえて事例とした。村の集団としての力が弱いことが，むしろ地域の自律性を守る強さに転化したという逆説を，「縮小による棲み分け」をキーワードにして分析した。また，村内農家は，基

本的に各自でツーリズム経営の発展をはかってきた。しかし,一方で「北京市第一民俗旅行村」と称されるような,個々の農家の集積と調和が,地域内で形成されたメカニズムついても考察を行った。

　第5章「『留守』を生きる村——中国東北地域の朝鮮族村の観光化に着目して」(林梅)は,労働力の流出の問題を抱える事例地域が,観光地となり地域を活性化できたことについて,それを可能にした地域社会のあり方を分析している。この地域の観光実践には,村民同士や村民と村のリーダー(有力者)の協同関係,そして「よそ者」の受け入れと活用があり,それらを下支えするのは,伝統的な村落共同体の伝承と実績に対する村民の信頼であることが論じられる。また,少数民族の村の観光実践については,これまで「受動的立場」(地元民)と「主導的立場」(行政,漢族の観光業者,自民族エリート,村長など)の2項対立的な図式での分析がなされていた。これに対し,林の事例からは,両者が協力関係にあったり,さらには前者が後者を取り込む関係になったりすることが示された。

　第三部は,流動性の高まりや都市化にともなう村の変容に焦点を当てた2つの章からなる。第6章「『対立』から『融合』と『管理』へ——流動人口のネットワークをめぐる流入地での戦略」(陸麗君)は,大量の流入人口を抱える浙江省のある鎮と村を事例に,流動人口の同郷的ネットワークの機能変化から,外来人口と地元住民の融合について分析している。流動人口に関する社会保障制度が完備されておらず,流動人口と地元住民との意思疎通のルートも制度化されていなかった2008年頃までは,流動人口の同郷的ネットワークは,彼らにとっては異郷で身を守る手段であった。だが,それは,流入先にとっては一種の「圧力団体」であり,「厄介者」であり,同郷的ネットワークはむしろ地元との対立,相互不信を深めるものとなっていた。だが,「和諧社会」建設という時代の流れの中で,この同郷的ネットワークは,流動人口の社会融合,社会管理に

活用できる社会関係資本ととらえなおされ,「聯誼会」という組織的な仕掛けによって,外来人口と地元住民の融合が促進されていることが明らかにされた。

第7章「中国都市にみる『村』社会と民間信仰——深圳の『城中村』を中心に」(連興檳)は,都市化により形成された「城中村」という「村」を論じている。連は,事例とした深圳の「城中村」SG村は,完全に都市化されておらず,「村」社会が終焉を迎えていないことを,その民間信仰の現状から説明している。SG村に2つある廟のうちの1つは,村民による信仰活動が実は衰退傾向にある。だが,この村に流入した潮州系の人たちがこの廟に通うようになり,故郷での自らの信仰を都市社会に持ち込み持続させている。それによって村の廟も維持されている。都市化の中で,「郷土文化」が再構成されて存続する場として「城中村」の独自性をとらえた点に,本章の特徴がある。

そして,最後に本書の総括を行う。本書全体を通じて,今日の中国の村をどのようにとらえることができるのか。そして,表面に表れる多様性の一方で,通底する何らかの共通性を見出すことができるのかどうかについても検討を行う。

注
1 第11次5か年計画(2006〜2011年)のキーワードとなる主要プロジェクトの1つ。その内容は,「生産発展,生活富裕,郷風文明(社会事業),村容清潔(郷村建設計画によるインフラ整備),管理民主」の20文字で表現されている。
2 農村社区建設は,2006年10月の中国共産党第16期6中全会の決定において,初めてまとまった形で提起された。それによれば,都市と農村の社区建設とは,秩序だった管理がなされ,サービスが完備し,文化的で和やかな生活共同体に社区を作り上げることとされている。筆者の理解では,政策としての農村社区建設は,都市と農村の格差を埋めるための農村部の

公共サービス整備のプラットフォーム（受け皿）をつくることにあり，あわせて住民が地域の自己管理活動へ参加することを促すものである（南 2011）。また，社区建設の経緯については，黄家亮（2014）が参考になる。
3 「新型農村社区」に関して，都市農村一体化政策との関連の説明やその実態については，小林一穂らによる山東省の調査研究がある（小林 2016）。「新型農村社区」については，王（2013）や後述の焦・周（2016）のほか，郭・張（2014），張（2016）もその類型やガバナンスの問題に関して詳しい。
4 こうした手法は，地方政府の「都市経営」と呼ばれている。
5 国家権力の基層社会への介入が，強制から（農民のニーズへの）適応に変化したというとらえ方もある（黄振華 2014）。
6 38＝3月8日国際労働婦人節，61＝6月1日国際児童節（子供の日），99＝9月9日（旧暦）重陽節（敬老の日）。
7 留守児童問題の研究動向，実態については，劉（2017）を参照のこと。
8 このような別荘は，農地転用上問題のある「小産権房」である可能性も高い。「小産権房」問題については，阿古（2012）が詳しい。
9 家族経営の農業，地域の基本的単位としての村落，そして顔見知り関係の存続という3点が，農村社会にある程度の郷土性を保持させているとした。なお，ここで陸が用いた「公共性」とは，農村建設への国家介入の増大という意味をもち，上述の趙らの「観念としての国家」に相当するものと言えよう。
10 文らは，その土地で市民化，都市化が進展しているパターンを「新市村」としている。具体的には，工業化で発展した村や観光で豊かになった村がある。
11 ここでは，村のガバナンスという語は，「市民的な参加の有無にかかわらず，ある地域がさまざまな価値意識の下で，結果的に「治まっている」状態，つまり統治，自治，政治といった諸側面を包括した広い概念として」使用されている（田原，松里 2013: 151）。
12 自然村を基礎とした自治についての議論は，湯・徐（2015），滝田（2009）などを参照されたい。

参考文献

【日本語】

阿古智子（2012）「土地と戸籍——社会秩序の安定剤か？」毛里和子・園田茂人編『中国問題　キーワードで読み解く』東京大学出版会，89-115.

小林一穂・秦慶武・高暁梅・何淑珍・徳川直人・除光平（2016）『中国農村の集住化——山東省平陰県における新型農村社区の事例研究』御茶の水書房.

劉楠（2017）「現代中国農村における『留守児童』問題に関する研究動向と課題——家族関係，子どもの教育とジェンダーを中心に」『山形大学紀要（社会科学）』47(2)：21-39.

林梅（2014）『中国朝鮮族村落の社会学的研究——自治と権力の相克』御茶の水書房.

南裕子（2009）「中国農村自治の存立構造と展開可能性」黒田由彦・南裕子編著『中国における住民組織の再編と自治への模索——地域自治の存立基盤』明石書店，225-256.

南裕子（2011）「中国の都市と農村における『社区建設』——中国におけるコミュニティ形成の文脈」『法学研究』84(6)：413-439.

佐々木衞・柄澤行雄編（2003）『中国村落社会の構造とダイナミズム』東方書店.

田原史起（2002）「村落自治の構造分析」『中国研究月報』639：1-23.

田原史起（2008）「中国農村の道づくり——『つながり』・『まとまり』・リーダーシップ」竹中千春・高橋伸夫・山本信人編著『現代アジア研究2 市民社会』慶應義塾出版会，133-155.

田原史起・松里公孝（2013）「地方ガバナンスに見る公・共・私の交錯」唐亮，松里公孝編『ユーラシア地域大国の統治モデル』ミネルヴァ書房，151-179.

首藤明和（2003）『中国の人治社会——もうひとつの文明として』日本経済評論社.

滝田豪（2009）「『村民自治』の衰退と『住民組織』のゆくえ」黒田由彦・南裕子編著『中国における住民組織の再編と自治への模索——地域自治の存立基盤』明石書店，192-224.

閻美芳（2017）「中国民衆による『下からの公』の生成プロセス——山東省の一農村を事例として」『社会学評論』68(2)：176-192.

【中国語】

郭暁鳴・張鳴鳴（2014）〈治理視角下的新型農村社区——現状、挑戦和展望〉

《東岳論叢》第 35 卷第 12 期：110-115.

黄家亮（2014）〈基層社会治理転型与新型郷村共同体的構建——我国農村社区建設的実践与反思（2003-2014）〉《社会建設》第 1 卷第 1 期：77-87.

黄振華（2014）〈従強制到適応：政府与郷村関係変遷的一個解釈框架——以国家恵農政策為分析視角〉《社会主義研究》2014 年第 4 期：111-117.

焦長権・周飛舟（2016）〈"資本下郷"与村庄的再造〉《中国社会科学》2016 年第 1 期：100-116.

陸益龍（2015）〈後郷土中国的基本問題及其出路〉《社会科学研究》2015 年第 1 期：116-123.

湯玉権・徐勇（2015）〈回帰自治：村民自治的新発展与新問題〉《社会科学研究》2015 年第 6 期：62-68.

王春光（2013）〈城市化中的"撤并村庄"与行政社会的実践邏輯〉《社会学研究》2013 年第 3 期：15-28.

文軍・呉越菲（2017）〈流出"村民"的村落：伝統村落的転型及其郷村性反思——基于 15 個典型村落的経験研究〉《社会学研究》2017 年第 4 期：22-45.

張鳴鳴（2016）〈新型農村社区治理——現状、問題与対策《農村経済》2016 年第 9 期：13-19.

趙暁峰（2013）〈公域，私域与公私秩序：中国農村基層半正式治理実践的闡釈性研究〉《中国研究》2013 年秋季卷：79-109.

趙暁峰・張紅（2012）〈従"嵌入式控制"到"脱嵌化治理"——邁向"服務型政府"的郷鎮政権運作邏輯〉《学習与実践》2012 年第 11 期：73-81.

中国国家統計局（2017）《中国統計年鑑 2017》，中国統計出版社.

周飛舟（2006）〈従汲取型政権到"懸浮型"政権——税費改革対国家与農民関係之影響〉《社会学研究》2006 年第 3 期：1-38.

第一部
激変する村の底流にひそむ力とその可能性

第1章 'アウトロー'的行為の正しさを支える中国生民の正当性論理
―― 天津市武清区 X 村の団地移転を事例として

閻 美芳

1. 不条理を生きる農民の正当性主張

　本章では，新農村建設政策によって団地への移転を迫られるなか，それを拒否して住み続ける，あるいは団地に移転しても敷地内の芝生を畑に開墾するなど，一見'アウトロー'的な行為をする村びとたちが，なぜ共通して「自分たちは『正しい』」と主張するのか，その論理の一端について明らかにしていく。

　中国では近年，ダム建設に伴う移転や，都市開発による農地徴収などの国家プロジェクトが数多く実施されている。それによって実施地域で暮らす人びとは，生活条件の激変を経験することになる。人びとは，国家プロジェクトの実施で生じた生活の不条理にただ順応するだけではなく，生活の質を維持するために，自分たちの主張を政府に対して訴えることもある。その1つの手段が陳情（実際に政府機関に出向き，自らの不満を訴えること）である。

　では，陳情にいく農民は，自らの主張の正当性をどこに置いているのだろうか。この点について，ダム建設の陳情活動を考察してきた社会学者の応星（2001）は，次のように指摘している。つまり，陳情する農民は「行政が私のご飯を食べる茶碗を1つ壊したら，

かわりに，まったく同じ大きさの茶碗を補充してくれるべきである」という論理で自らの行為を正当化しているという[1]（応 2001: 47）。本章にとってこの指摘が示唆的なのは，ここに示されている農民の素朴な生存観念である。

こうした観念をもつ農民たちは，実際にどこに自分たちの主張を向けていくのだろうか。応（2001）はこの点に関して，地方政府を飛び越して北京に陳情に行く農民の自己納得のリクツについて，次のように指摘している。すなわち，陳情に向かう農民は「中央政府にはわれわれの恩人がいる。省政府には親戚のように親しみやすい人がいる。地区政府には好い人がいる。県政府には悪い人が多い。身近な郷政府にはわれわれの敵しかいない」という観念を抱いているという（応 2001: 209）。

なぜ農民たちは，地方政府ではなく，中央政府により信頼を置くのだろうか。この点については，現在の中国の行政制度に起因するという毛里和子（2012）の指摘がある。中国の中央―地方関係は中央から下へ，そのまた下へと幾重にも圧力がかかる「圧力型体系」になっており，中央と地方の関係が非対称であるだけでなく，地方は権限よりも義務ばかり負わされているのである。こうした体系の中で，中央の象徴である北京に陳情に行きたがるのは，権力に対する信頼感がそうさせたというよりは，陳情者が「圧力型体系」を熟知しているので，地元政府に圧力をかけるために北京に陳情に行くというのである（毛里 2012: 19）。毛里はまた，中国の政治文化として，官の善政と慈悲への期待が依然濃厚で，中国の大衆（本章のいうところの農民より広い概念）もこれを逆手に取って北京へ陳情に行くのだと指摘している（毛里 2012: 20）。

毛里のいう政治文化を，「中国一般民衆の国家観念」として分析したのが，社会人類学者の項飆（2010）である。項は，中国一般民衆の国家観念には"両面性"があるという。その1つは，人びと

が抽象的なものとして国家を観念する側面である。人びとは，国家を道徳的，総体的，自然的なものと考え，その合法性と正義性に異議を唱えることはない。それに対してもう1つの側面は，具体的な国家機関の行為に対する懐疑である。中央政府は常に正しく，地方政府はごまかしをやっていると陳情者たちが考えるのはそのためであるという。項によれば，中国民衆はこのような両面性のある国家観念をもつため，陳情のような政府に対する抗議行動がなされても，それによって中央政府の権威はすこしも傷つけられることはないという。なぜならば，この正当性の維持は「人びとの日常における微細な生活実践によって蓄積されているのではなく，人びとの先入観によって支えられている」からである（項 2010: 125）。

さらに項は，一般民衆が政府と交渉する際に，自らのことを「道徳性の高い『老百姓』である」と自認する点にも着目する。「老百姓」を自認する人びとは，各級の政府に対して正々堂々と自らの要求を突きつけるだけでなく，政府が自分たち「老百姓」の要求に当然応じるものと確信もしているのである。項はこの現象を中国における「政治白話」[2]と名付け，この「政治白話」のさらなる分析が中国の社会学界に課された仕事であるという。

本章での考察も，項の問題提起を受け継ぎ，「老百姓」の「政治白話」について，さらなる分析を行うものである。しかし，具体的な考察に入る前に，本章のテーマである団地移転がどのような不条理を村びとに強いているのかについて，まずは示しておきたい。

2. 団地移転の不条理

中国政府は都市と農村との格差を是正するため，2006年以降，新農村建設政策（「建設社会主義新農村」）を進めている。本章の対象であるX村の新農村建設では団地移転が行われた。団地移転は，

第1章 'アウトロー'的行為の正しさを支える中国生民の正当性論理

中国語では「撤村併居」と呼ばれている[3]。

この「撤村併居」は，批判的な意味合いを込めて，「被城市化」（都市化させられた）コミュニティ建設とも評されている。たとえば，司林波（2011）によると，農村コミュニティの建設は本来，農村の実情に応じて農民福祉を増幅し，農民社会の全面的な発展を促すためのものである。ところが地方政府は業績づくりを急ぐため，自らの経済的な実力を無視して，行政主導によって農民を半ば強制的に団地へ移転させている。そのため，高層団地に移転させられた農民は，生活コストの上昇に直面し，生活苦に陥っているという（司 2011: 89）。

団地移転に伴う農民の負担についての詳細なデータを示しているのは，張鳴鳴（2017）である。中国社会科学院農村発展研究所は，2013年5月と12月に「城鎮化背景下集中居住区農民生活質量研究」（都市化に伴う団地集住と農民生活水準に関する研究）をテーマにアンケート調査を行った。この調査では，中国の東部，中部，西部の3つの地域エリアに位置する4つの社区にまたがった，466の有効サンプル収集に成功した。張はこのデータを分析して，団地移転に伴って農民の消費支出に次のような変化があったと指摘した。すなわち，農民が団地に移転してから，平均して1戸あたり年間1,284.61元の支出増加があったという。また，"農"的生活への依存度が高い農家ほど，団地移転に伴って，収入の減少と支出の増加という二重苦に直面していると指摘した（張 2017）。

同じことを，小林一穂ら（2016a, 2016b）の調査からも確認できる。小林は山東省平陰県の事例をもとに，複数の村落を1か所に集めて，その村民たちを団地に移転させることを「農村の集住化」と名付け，考察を加えた（小林 2016a: 29）。小林らは，孔村鎮にある村の住民にインタビュー調査を実施し，次のことを明らかにした。すなわち，平均年収3万元を超えるほどの高い収入があるにもかかわらず，

この村の人びとは，一様に団地移転で生活が苦しくなったと口にしたというのである（小林 2016b: 222）。

本章で取り上げる天津市武清区X村も，後に詳しく見ていくように，農への依存度が高い村である。戸数にして866戸ほどのX村に新農村建設政策が導入されたのは2006年である。ところが，2017年10月時点でも，いまだ団地へ移転していない家がX村内には39戸もある。また，団地に移転したものの，団地内の芝生を野菜畑やトウモロコシ畑に開墾することで，団地で農のある暮らしを続けている人もいた。

では，移転に反対している39戸の人びとは，断水した村でどのようにして暮し続けてきたのだろうか。また，団地移転後に敷地内の芝生を畑にするといった，一見すると破壊的な行為を行っている人びとは，自らをどのように正当化しているのだろうか。本章では先行研究が明らかにした「老百姓」観や「国家観念の二面性」を援用しつつも，人びとがもろもろの不条理を生きる微細な生活実践に焦点を当てて，彼らの'アウトロー'的な行為を自己正当化する論理の一端を明らかにしてきたい。

3. 農民を団地に移転させる「団地移転プロジェクト」

3-1 村の概況

X村は天津市の西北，北京市の東南に位置し，直線距離で天津市内まで約35km，北京市内まで約70kmの距離にある。2007年3月現在，人口は2,120人，戸数は866戸である。村の長老によると，X村の歴史は唐代（618～907年）にまで遡ることができるという。1970年代の文化大革命まで，北宋時代に作られた村の名前に因む寺院が存在しており，仏教の祝日には周辺の村びともX村

に集まってきていた。寺前では定期市も開かれ，現在でも旧暦の1,3,6,8に当たる日には市が開かれ，多くの人で賑わっている。

このX村が新農村建設の実験地に選ばれた理由の1つは，X村が周辺54村を管轄する鎮政府の所在地であったことである。X村は1962年に人民公社制度が実施されてから，周辺の村の生産と分配を，X村にある人民公社で集中的に行ってきた。その後，1981年の改革開放政策によって人民公社が解散した後も，人民公社時代に作られた役所，裁判所などの行政機関は現在もそのまま使われている。またX村内には幼稚園，小中高校のような教育施設，病院，スーパーなどもあり，周辺の村々から見ると，鎮政府があるX村はこの地域の中心地と考えられている。

加えてX村には，1980年代から1990年代の前半までに，鎮政府主導で作られた8つの郷鎮企業が立地し，周辺の村々を含む経済圏の中心にもなっていた。この時期のX村は，周囲の村々から通勤する人たちで毎日賑わっていたのである。ところが，1990年代後半になると，これらの工場が次々に倒産し，2008年現在，村にあるのはコンクリート工場1つだけになってしまった（閻 2010: 12）。

この経済的には決して豊かとはいえないX村が「団地移転プロジェクト」に選ばれた時には，各種メディアから注目を集めた。2008年8月28日付の「21世紀経済報道」によると，X鎮では鎮政府が2006年に「団地移転プロジェクト」の導入を決定した。鎮政府はX村をはじめとする近隣の7つの村，約2,000軒の農家を団地（5階建ての高層住宅地のこと。地元住民の間では楼房と呼んでいる）に移転させる計画を立てた。この「団地移転プロジェクト」の特徴は「農民身分のまま，農民が農地を請け負う政策を変えないまま」行われることである。そのため，このプロジェクトにおいて唯一変更されたのは，農民の居住する場所だけであるという。

ここで前提にされている農民身分とは，中国における都市と農村の二重構造を反映した制度である。中国の都市住民には，失業保険，医療保険，定年後の年金などの権利が保障されてきた。しかし農民身分にはこれらの権利がない（厳 2002: 60）。また，張鳴鳴（2017）が具体的な数字をもって指摘したように，中国全土で行われている農民の団地移転には，実際には生活コストの大幅な上昇をともなっていたのである（張 2017）。

これらを念頭におくと，なぜ農民が団地移転に同意したのかが十分に理解できない。そこでこの点について，節を変えて詳察してみたい。

3-2 X村における「団地移転プロジェクト」の導入

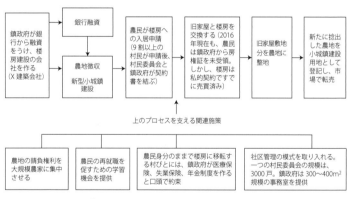

図 1.1　X 村に「団地移転プロジェクト」が導入されるまでのプロセス
出典：聞き取り調査に基づき筆者作成

上記の図 1.1 は，X 村に「団地移転プロジェクト」が導入されるまでのプロセスを示したものである。鎮政府は政府機関であるため，そのままでは銀行から融資を受けられないので，鎮政府名義の建築会社を立ち上げ，その会社が銀行から融資を受け，楼房建設に取り

第1章 'アウトロー'的行為の正しさを支える中国生民の正当性論理

組んだ。移転対象となった村びとは、移転に際して数々の負担を被ることになるが、なぜ移転に同意したのだろうか。その理由は、鎮政府と村行政が共謀して、"タダ"（自己負担金額ゼロ）で移転できると甘くつぶやいてきたからである。

X村では「団地移転プロジェクト」を、"1換1"、つまり、1つの現家屋と1つの新楼房ユニットが"タダ"で交換できる事業であると喧伝してきた。"1換1"の具体的なやり方は、表1.1と表1.2を合わせて見ると理解しやすい。表1.1は、鎮政府の上位機関である武清区によって決められた基準であり、旧家屋と庭内にある施設等の交換価格を示したものである。鎮政府は、表1.1の基準に従って、農家に旧家屋を取り壊す際に、金銭を支払う。表1.1の農家の場合は、旧家屋を取り壊したことで、鎮政府から59,760元を受領できる計算になる。

次に農民が新居購入に対して支払う金額について見てみよう。表1.2は、村びとが楼房ユニットを購入

表1.1　X村における旧家屋の価格（農家Aのケース）

項目			金額(元)
家屋	正房（表屋敷）	64.98m²	29,928
	廂房（東／西の脇の間）	47.42m²	16,350
		19.06m²	2,573
		9.63m²	1,300
		24.02m²	2,162
その他	庭を囲む壁	7.7m²	1,155
	入口の建築物	—	
	庭敷　板	120.9m²	2,418
	コンクリート		
	レンガ	59.58m²	2,383
	雨よけビニール	25.58m²	521
	ビニールハウス	1棟	100
	樹木	3本	120
	果樹	—	
	苗	—	
	電話機移転費用	1台	150
	手動型井戸	1台	600
合　　計			59,760

出典：農家Aからの提供資料をもとに筆者作成

する際に鎮政府に支払う金額を示したものである。表内の計算式は2つの事柄の関係によって作られている。1つめは，鎮政府が建てた楼房ユニットのタイプとの関係である。新しく建てられた楼房は，2LDK（60m², 70m², 80m²）タイプと3LDK（90m², 100m², 110m², 120m²）タイプの計7タイプある。基本は，2LDKの場合が10m²あたり7,800元，3LDKの場合が10m²あたり9,800元である。表1.2の右側に「＋7,800」「＋9,800」と表示されているのは，自己所有の母屋の広さのランクよりもさらに10m²分広いランクの楼房ユニットを購入する場合には，2LDKの場合は前ランクより＋7,800元余計に支払う必要があり，3LDKタイプの場合は＋9,800元余計にかかるという意味である。逆に「－7,800」「－9,800」と表示されているのは，自己所有の母屋よりも狭いランクの新楼房を購入した場合に，鎮政府から返戻金として受け取れる金額を示して

表1.2 旧家屋母屋の面積を基準にした楼房購入にかかる金額

楼房のタイプ 母屋の面積α	2LDK			3LDK			
	60m²	70m²	80m²	90m²	100m²	110m²	120m²
60m²未満	(60−α) ×680	+7,800	+7,800	+9,800	+9,800	+9,800	+9,800
60m²以上〜 70m²未満	(60−α) ×780	(70−α) ×680	+7,800	+9,800	+9,800	+9,800	+9,800
70m²以上〜 80m²未満	−7,800	(70−α) ×780	(80−α) ×680	+9,800	+9,800	+9,800	+9,800
80m²以上〜 90m²未満	−7,800	−7,800	(80−α) ×780	(90−α) ×680	+9,800	+9,800	+9,800
90m²以上〜 100m²未満	−7,800	−7,800	−7,800	(90−α) ×980	(100−α) ×680	+9,800	+9,800
100m²以上〜 110m²未満	−7,800	−7,800	−7,800	−9,800	(100−α) ×980	(110−α) ×680	+9,800
110m²以上〜 120m²未満	−7,800	−7,800	−7,800	−9,800	−9,800	(110−α) ×980	(120−α) ×680
120m²以上	−7,800	−7,800	−7,800	−9,800	−9,800	−9,800	(120−α) ×980

出典：農家Aから提供された資料をもとに筆者作成

いる。

　もう1つ計算上考慮されている事柄は，旧母屋の広さと新楼房の広さとの関係である。表1.2で網掛けの部分は自己所有の母屋の面積と新楼房の面積がほぼ等しいランクを示しているが，農家が楼房を購入する際の基本料金は，どれも双方の面積の差×680元で計算されている。つまり，基本単価より安く設定されているのである。逆に狭いユニットを選び返戻金を受け取る場合は，双方の面積の差×780元（2LDK），双方の面積の差×980元（3LDK）の金額を受け取れるようになっている。つまり，新楼房の面積が旧母屋の面積より若干大きい程度ならば，支払いを少なくし，狭い場合は規定通りに返戻金を計算する仕組みになっているのである。

　旧家屋の母屋の面積が $64.98\,m^2$ であるAの場合，同じランクの $70\,m^2$ を購入するときには，ほとんど追い金を要しない（すなわち，$(70-64.98)\times680 = 3,413.6$ 元のみ支払えば購入できる）。しかし $120\,m^2$ の楼房を購入する際には，表1.2にしたがって，$50,413.6$ 元（$(70-64.98)\times680 + 7,800 + 9,800 + 9,800 + 9,800 + 9,800$）を鎮政府に支払う必要が生じるのである。

　また，広い母屋を所有していた農家の場合は，旧家屋を取り壊す際，表1.1に基づいて鎮政府から代金の支払いを受けるだけではなく，楼房購入も有利になる。たとえば，もともと所有していた母屋が $150\,m^2$ の場合，鎮政府から約 69,000 元の支払いを受ける（表1.1に従えば，母屋の $1\,m^2$ あたりの値段は 460 元と算出される。そのため，母屋 $150\,m^2$ では，460 元 $\times 150\,m^2 = 69,000$ 元となる）だけでなく，$120\,m^2$ の楼房を購入するにしても，楼房がタダで手に入る以外に，鎮政府から返戻金（$(120-150)\times980$ 元 $= 29,400$ 元）が手渡されることになる。

　以上に加えて，村びとを安心して楼房に移転させるため，鎮政府と村行政は移転後の内装などにも補助金を出している。たとえ

第一部　激変する村の底流にひそむ力とその可能性

ば，X 村の村民委員会は 2006 年 7 月 4 日に，村びとに対して次のような通知を出した。①村集体（村行政）が楼房の物業管理費用（維持管理費）を 10 年間負担する。②村集体が最初の 5 年間の各楼房の暖房費を負担する。③村集体が各戸のベランダ工事費用を負担する。④村集体は失地農家に対して，1 ムー（1 ムー≒6.667a）あたり 1,000 元の補償金を新たに支払う。⑤村集体は村の幼稚園に通う子供の入園費用を肩代わりする。また，村集体は技術専門学校と大学に進学する村の子供に対し 1,000 元の奨励金を与える。⑥村集体は 60 歳の村民には毎月 30 元の生活補助金を与える。60 歳を超える村の共産党員には，毎月 40 元を与える。⑦村集体は国の医療保険政策に従って，村びとに代わって，全員分の医療保険に加入する。⑧村集体は，楼房の内装費用に対して補助金を出す。楼房入口の内装工事は 1 m² あたり 10 元，室内の床工事の場合は 1 階 1 m² あたり 10 元，2 階は 1 m² あたり 11 元，3 階は 1 m² あたり 12 元，4 階は 1 m² あたり 13 元，5 階は 1 m² あたり 14 元をそれぞれ補助する。

　このような換算式と村の補助金を視野に入れると，一見すると，村びとの誰もが"タダ"で楼房に移転できるように思える。息子・娘の結婚を控え，家屋を新築する必要に迫られた村びとなどは，この移転プロジェクトをビッグチャンスとしてとらえる人もいた。

3-3　団地移転に抵抗する 2 つの事例

　ここでは団地移転の交換条件を拒否している 2 つの具体例を挙げておきたい。

　1 つめは，息子の結婚をきっかけに楼房に移転したものの，旧家屋を壊さないまま絨毯工場の経営を継続している王期（仮名）のケースである。王はかねてから工場の規模拡大を狙って空き地を探していた。2003 年に天津市内にマンションを購入したという近隣の家からの情報を聞きつけ，王はその場でその残された家屋の購入を即

決した。約1万元かかったというこの家屋は,「団地移転プロジェクト」の際,"1換1"の対象であった。しかしちょうどその頃,王の息子は結婚を控えていた。X村では,他の多くの華北農村と同様に,親は子供の結婚に際して事前に新しい家屋を用意する風習がある。王は息子のために,村内で家を新築するのではなく,"1換1"で確保した楼房を2007年に息子夫婦に与えた。また王自身も2つの楼房を手に入れ,移転した。"1換1"の条件に従えば,王は移転後,旧家屋は壊さなければならない。しかし王は,2016年8月現在においても,取り壊してはいない。この状況に対する王の言い分は次のとおりである。すなわち,村行政が絨毯工場を経営する自分に対して現工場の面積に相当する空き地を手配してくれないかぎり,旧家屋は取り壊さない。なぜならば,旧家屋は現在も自分たちの大事な職場だからである,というものだ。

具体例の2つめは,旧家屋を楼房と取り換える契約を結んだものの,「婿は姑と同じ楼房では暮らせない」ことを理由に,旧村で暮らし続ける趙国(仮名)のケースである。

婿としてX村に来た趙国は,2017年10月現在,62歳である。50代の妻と70代の姑,17歳の息子との4人暮らしである。姑と嫁は認知症にかかり,2人とも国から生活保護(毎年2,000元ほど/1人)を受けている。舅はすでに他界し,23歳の娘は2015年に趙の出身地の村へ嫁いでいる。

趙も"1換1"で90m²の楼房を手に入れた。鎮政府の規定に従えば,趙も楼房が与えられた時点で旧家屋を取り壊さなければならない。にもかかわらず,趙が旧家屋を残したのには,次のような背景があった。当初,鎮政府と村行政は移転に同意した村びとに,楼房の内装を完成させて住める状況になってから,旧家屋を壊しても問題ないと知らせていた。ところが,趙のような貧しさを理由に,楼房の鍵を預かった後も楼房の内装を完成させず,旧家屋に住み続

第一部　激変する村の底流にひそむ力とその可能性

写真 1.1　荒れ地に囲まれた農家

ける者もいた。

しかし趙の場合は、2015年に娘が結婚するのを機に、楼房の内装をすでに完成させていたにもかかわらず、その後も旧家屋に住み続けている。この状況に対する趙の言い分は次のとおりである。すなわち、楼房の内装は金銭に余裕があったからではなくて、「荒れ地の真ん中にある今のみすぼらしい家からは、娘を嫁に出せない」からなのであった（2016年8月2日の聞き取り）。

写真1.1は、筆者が2016年8月に撮影した趙の家屋である。「団地移転プロジェクト」が始まって以来、X村内には家屋の新築が許されなくなった。そのため、趙は雨漏りのする屋根に応急措置としてブルーシートを掛けている。2007年末から移転が始まると、農地を失ったうえ、新たな就職先が見つからない村びともいた。移転したものの、就職先のない60歳以上の高齢者は、村の跡地に戻ってトウモロコシや野菜を作り始めている。そうしたこともあって、趙の家屋は畑の中の孤島のようになっている。村びとの9割以上がすでに楼房に移転してしまっており、鎮政府は家屋の敷地だったところの表土を肥料加工会社に転売してしまった。こうして大型トラックが頻繁に村に出入りするようになった。元はコンクリートだった村の道路も、デコボコの土道に戻された。

家が貧しくて楼房の内装ができずにいた趙は、それでも楼房から娘を嫁に行かせたいと考え、2015年の春に5,000元をかけて楼房の内装に必要な資材を購入した。その資材を楼房に運ぶ作業と、コンクリートを塗る作業は、趙と15歳の息子と、20代の娘婿の3

人でおこなった。

　このような個別な事情があるとはいえ，楼房を内装した後は，政府の規定に従って，旧家屋を取り壊さなければならないことに変わりはない。しかし趙は，次のように交渉の論理を変えることでそれに対応したのである。いわく「婿は姑と同じ楼房で暮らせない」。「嫁と姑が認知症を患っているため，旧家屋のかまどなら作れても，楼房の中のガスを使って食事を作れない」というのである。

　趙の交渉論理にはよく見ると矛盾がある。「婿は姑と同じ楼房に暮らせない」という論理は，「だから，もう1つの楼房ユニットが必要である」という理屈の前段である。ところが「認知症の2人では楼房で食事が作れない」という論理は，いつまでも認知症の2人と村の旧家屋で暮らし続けることが前提である。しかし，趙にとってこの2つは相矛盾するものではない。なぜならば，趙は認知症の2人と旧家屋で生活し続けていければ，息子が18歳になれば，分離戸の規定によってもう1つの楼房ユニットがもらえるからである。

3-4　分離戸に託した生活保障機能

　分離戸とは，移転に際して生じた新たな語彙である。その内容は，村行政が配布した分離戸に関する次の知らせから読み取ることができる。①子女の中の1人が18歳を超え，かつ三世代が同居している場合。②2人以上の子女がおり，そのうちの1人が18歳を超え，かつX村の戸籍をもっている場合。この2つの条件のいずれかを満たす村びとは，村民委員会で分離戸の登記手続きをすることができる。

　このように，分離戸とは，家族構成員の年齢によって2つかそれ以上の家族に分けられる場合のことであり，"1換多"，つまり1つの家屋に対して2つ以上の楼房ユニットと交換できる権利のこ

とを指している。

 なぜ分離戸のような規定を行う必要が生じたのであろうか。その理由は家屋の構造上の違いに由来している。つまり，農家の庭付き家屋の場合，空間的に余裕があるので，子供の結婚などで家族構成員が増加しても，各農家の裁量によって増築などで対応できる。ところが，団地暮らしの場合は，ユニットが 2LDK，3LDK のようにすでに決まっているため，家族構成員の増加に対応できる空間的な余裕がないからである。

 とはいうものの，農家の家族構成員の増加を見越した住宅需要に対応するために作り出された分離戸の規定に対して，X 村の人びとは特別な思いを抱いている。分離戸をめぐる争いで村びとの人間関係に亀裂が入ったり，分離戸を多く捻出できたことによって富裕な村びとが出てくるなど，貧富の差が広がったとの指摘もある。これらの指摘はいずれも村びとの生活実感に基づいたものである。

 まず分離戸の規定が原因で人間関係に亀裂が入った事例について見てみたい。村びとの話によると，その原因は鎮政府の失策にあるという。当初村びとは，鎮政府から楼房が与えられて 5 年間は転売できないと言われていた。そこで，1 m² あたり 780 元から 980 元の値がつく楼房を分離戸として得る権利をもっていても，もうひとつ購入するだけの経済力のない村びともいた。こうしたなか，この分離戸の権利そのものを鎮政府に返上するか，1 戸あたり 3,000 元，5,000 元などで兄弟や知り合いに売却する者が現れた。

 ところが，この権利転売が一段落し，楼房のくじ引きが行われる 1 週間前になって，鎮政府は突如，楼房を転売して良いと宣言した。これを聞いて，分離戸の権利を売った家では「だまされた」と感じた。他方で，分離戸の権利を手に入れた者はそれを手放そうとしない。なぜならば当時，楼房はすでに 1 m² あたり 1,700 元で取り引きされていたからである。

第1章 'アウトロー'的行為の正しさを支える中国生民の正当性論理

　2016年8月現在，X村における5階建ての楼房は1 m² あたり2,700元から2,800元前後で取り引きされている。2階と3階の楼房ユニットはさらに高く，1 m² あたり3,000元前後にまで価格が跳ね上がる。これらの楼房を購入する人は，主として近隣の村に住む者である。すでに述べたように，X村を含む華北農村では，息子の結婚時に，親は新しい家を用意するきまりがある。X村に楼房が建設されると，近隣の村からは息子の結婚に備えて楼房を買いにくる者が数多く現れたのである。

　他方で，楼房の売買はあくまで「私的な契約」でしかない。しかも，X村の村びとはいまだ移転先に関する「房権証」（楼房に関する権利を証明する書類）を鎮政府から与えられていない段階にある。そのため，もし将来この売買でもめるようなことがあっても，このような私的な契約に法的な効果が認められることはない。

　しかし，すでに楼房は購入時の2倍，3倍の値段で取り引きされている現状にある。こうした状況下において，楼房ユニットをさらに余計に与えられる分離戸は，農民身分のまま楼房暮らしを余儀なくさせられる村びとにとって，いわば生活保障の一部となるのである。前節で取り上げた趙が，息子が18歳になるのを待ちつづけ，分離戸を手に入れるチャンスを窺うようになったのも，生活の向上を考えてのことである。

　趙は現在の暮らしを少しでも良くするため，2016年には2,000元を投資して羊を12頭買った。家族内で唯一の労働力である趙も，2年前には脳梗塞にかかっている。以来，出稼ぎのような重労働はできなくなっていた。以後趙は9ムーの農地（うち3ムーは借地）を耕しながら生計を立ててきたが，家屋周辺に荒れ地が増えるなか，認知症の妻でもできる仕事はないかと考え，羊を購入したのである。ところが，思惑通りに妻が羊の面倒を十分に見ることはできず，子羊を1頭盗まれる憂き目にもあった。村びとが楼房に移転してか

らというもの，入れ替わるように河南省などから出稼ぎ者がX村に集まってきていた。出稼ぎ者らは，村内に残された30数軒の家を安い値段（1軒あたり月300元前後）で借りて暮らしている。このように現在のX村内には，どのような背景をもつ者が暮らしているのかわからない状況にある。

こうした状況下にあってもなお，趙が羊の購入に踏み切ったのは，「湊活着占着身子」（生きていくために身体の資源を最大限に使いたい）ためであった。趙はいう。「私は何も高くは求めない。『湊活着能活着就行』（何とかして生きてさえいけばいいので）」。

このように趙が楼房を手に入れても旧家屋に住み続けるのは，生存維持のためであるということができる。しかし，移転を拒否するのはこうした場合だけではない。逆に村内で暮らし続けることでかえって生活の質の向上につながるケースもあるのである。

4. 移転しない・する村びとの生活実践

4-1 開墾農地による生活水準の向上

断水で「荒れ地」だらけの村にとどまる方が，かえって生活の質の向上につながると教えてくれたのは，高徳（仮名）夫婦である。高夫婦は2016年現在，ともに70代である。30年ほど前，高の妻は100km離れた河北省の山村から娘1人，息子2人を連れて，高と再婚した。高は口数が少なく，自分の意見を言うのが得意でない人柄である。妻が来村した1980年頃，村では5年に一度の農地再分配の調整の時期に当たっていた。高のところは家族が4人に増えたので，次の土地分配年である1981年には，新たに4人分の農地が分配されるはずだった。ところが，この農地調整は土地を手放したくない村びとの反対によって実行されなかった（閻 2010: 16）。

高は黙ってこの結果に忍従し，以来，1ムーの口糧田（主食の小麦，米を収穫する耕作農地）で家族5人を養ってきた。

その後，高は1日5元の給料で建築現場に出て働き，妻は牛・豚・羊などの家畜を飼うことで家計のやりくりをしてきた。多い時で牛を3頭，羊を8頭，子豚を産む豚を2頭，肉豚として出荷する豚を3頭飼っていた。当時，高の妻は朝と夕方は羊の放牧に出かけ，家にいるときは家畜の世話で忙しかった。冬の寒い日には，羊の放牧に出かける高の妻のために，娘の古い服をくれた農家もあった。冬には野原の草が寒さで枯れるため，家畜を他の農家の小麦畑に放すしかなかった。このように人の情けで生きてきたと，高の妻は回想している。息子2人が建築現場で働くようになってからは，高夫婦も少しずつ貯金ができるようになった。娘が同じX村内に嫁いだ後，高は2人の息子（それぞれ18歳，16歳）の結婚に備えて，新たに家を建てる計画をたてた。ちょうどその頃，高の家の隣にあった鎮政府が，事務室の移転で，古い事務室を売ることになった。そこには5つの建物があり，全部で19間もあった。これを20万元前後の値段で売り出したのに合わせて，高が手を挙げた。これで高夫婦は借金を抱えるようになったものの，購入後は，鎮政府から「房権証」を手に入れた。

2006年に楼房への移転の話が出た時，高夫婦も楼房での暮らしを夢見ていた。2人は，5階建ての楼房の1階に位置する60m²の小さいユニットを手に入れたいと話し合った。その時，すでに2人の息子も結婚していて，鎮政府から購入した古い建物に入居していた。ところが，高夫婦の楼房暮らしの夢は分離戸をめぐる鎮政府との交渉でしぼんでしまった。高夫婦は鎮政府と村行政から，分離戸の条件に従い，楼房3つ（高夫婦1つ，息子夫婦それぞれ1つ）しか購入できないと言われた。これに対して高の妻は猛反対した。高夫婦の計算では，自分たち夫婦の住んでいる家屋と，鎮政府から購入

した建物を入れて，楼房を6つもらえるはずだった。

このように楼房への移転を拒否する高夫婦に対して，鎮政府や村行政も対抗措置を取った。中国では2006年から農村の60歳を超える高齢者に対して，「養老金」（老後の生活資金）が毎月110元支払われていた。しかし高夫婦に対しては楼房移転に協力しないという理由で，支給しなかったのである。しかし高の妻は，わずか毎月110元の「養老金」をもらうために20万元の家を手放すほど愚かではないと，相手にしなかった。

以後，高夫婦は鎮政府との話し合いを断念して，村内で暮らし続けてきた。2人は，移転しないことでむしろ生活が向上したという。2016年8月現在，高夫婦は羊14頭，家鴨15羽，鶏12羽，犬1匹，猫1匹を飼っている。そのほか，高夫婦は村びとが移転した翌年の2008年から，不要となった家屋跡地のうち12ムーほどを開墾し，農地にしてきた。2人は，これらの開墾農地でトウモロコシと豆を作っており，トウモロコシの収入だけでも1万元を超えるという。また，移転によって荒れ地が増えたため，羊を放牧するために野原に出かける必要もなくなった。羊飼いでも年間5,000～1万元の収入が得られるということである。

生活は向上したものの，高夫婦の耕作地は鎮政府の土地利用計画の影響下にある。2015年の秋に，鎮政府は家屋跡地20ムーを，老人ホーム経営者に売った。高夫婦の開墾した2ムーの畑もその中に含まれていた。高の妻は，自分が労働を投入して開墾したこの2ムーの土地は，当然，自分のものであると捉えていた。そのため，自分が種と肥料を投入し，苦労して育てたトウモロコシと豆を収穫した後に整地するよう，鎮政府や老人ホームの経営者と交渉した。高の妻はいう。「種と肥料だって自分が購入したものでしょう。もしも鎮政府と老人ホーム経営者が収穫をさせてくれなかったら，投入した種と肥料の金額を払ってもらうよ。だって，それは開

墾した私の当然の権利だもの」(2016年8月3日の聞き取り)。結果は,高の妻の望むとおりになった。翌年,高の妻は別の空き地に新たに2ムーの農地を開墾し,そこにトウモロコシを植えた。

高夫婦は新たに農地を開墾したことによって,すでに4万元ほどの貯金ができたという。2人が12ムーの農地を耕し続けるのは,そこから毎年1万元ほど収入が得られるからである。

他方で,高夫婦の息子2人は,「荒れ地」だらけの村で子育てするのが難しいと判断した。そこで2人は,分離戸でもめている鎮政府に見切りをつけて,近くの「商品楼」(不動産業者の建てた,市場で自由に取引できる楼房)を購入した。X村の移転先とされた楼房はまとまっており,その一角には村民委員会の事務室も設けられている。しかし,すでに楼房が「私的契約」で村外への転売が盛んに行われている現在,楼房エリアは生活の単位としては機能しておらず,たんなる行政単位でしかなくなっている。

村びとの生活向上をはかる努力は,移転を拒否した人だけにとどまらない。村びとの多くは,農民身分のまま楼房に移転した後も,鎮政府や村行政から自分たちの権利を引き出そうと奮闘しているのである。

4-2 団地移転後の権利主張

"1換1"で旧家屋を取り壊して団地に移転した人びとは,その後,徐々に農民身分のままの移転に疑問を抱くようになった。X村の3分の1を占める失地農家は,とくにそうであった。彼ら／彼女らは楼房建設によって農地を収用されたものの,補償金として手にした金額はわずかであった(農地1ムーあたり8,800元=400元／年×22)(閻 2010: 14)。陳情を3回ほど行った失地農家である高麗(仮名)は,移転後も鎮政府と村行政に対して自分の権利を求めつづけている。

2017年現在,59歳の高麗は,高校卒の学歴をもっている。彼女

第一部　激変する村の底流にひそむ力とその可能性

は自分でも法律意識が高いことを自認しており，自分の権利を守るために実際に行動を起こす人である。たとえば，2015 年秋に，鎮政府と村行政が旧家屋跡地を 1 ムーあたり 1 万元で老人ホーム経営者に売るという情報を得た高麗は，まず物置のコンテナを 4,000 元ほどで購入して，自分の旧家屋跡地に置いた。ところが，高麗がコンテナを置いたその日の午後には，村行政によってそれは移動させられてしまった。それに気づいた高麗は，すぐに村行政の事務室へ交渉に出かけた。

　高麗は，旧家屋跡地は国有地であっても，現在も自分名義となっている以上，使用時には自分から徴収する手続きを取るべきであると訴えた。それに対して村行政は，たしかに高麗の家屋が現存していたときは，その土地は高麗のものであったが，家屋がない現在は高麗のものとは言えないと主張した。これを聞いた高麗は，ただちに次のように反論した。すなわち，X 村で推進されている"1 換 1"の正式名称は「以房換房」であり，自分たち農民は旧家屋を楼房と交換しただけである。言い換えれば，自分たち農民は，移転はしたものの，いまだ鎮政府や村行政から旧家屋跡地に対する徴収対価をもらっていない。自分の旧家屋跡地も，自分ら夫婦 2 人が 30 年前に人を雇ってトラックで土を運び，深い穴を埋めたから現在の高さになったのである。その過程で自分たち夫婦は多大な労力と資金を投入した。これらのことを並べ立てて高麗は，村行政が無償で旧家屋跡地を取り上げることは到底受け入れられないと主張したのである。

　それだけではない。高麗は自らが進んで楼房に移転したのではなく，強制的に移転させられたのだと訴えた。高麗は楼房建設で農地を失ったにもかかわらず，いまだに農民身分のままであり，都市住民であれば付随する失業保険，定年後の年金，医療保険もない。しかも，このような"三無"状況でも自分たちは生きていかなければ

ならない。しかたがないため，自分ら夫婦は移転後に，隣村で土地を借りて工場経営をはじめたが，楼房への移転がなかったならば，自分ら夫婦は広い自分の家屋で工場経営もできたはずである。高麗のこのような訴えを聞いた村行政は，高麗に対して，村内の旧小学校に空き地があるので，その一角を自由に使ってよいと伝えた。

　高麗はその後，獲得した空き地に倉庫を建てた。そして，この土地は村行政が旧家屋跡地の代わりにくれたものだと，主張するようになった。高麗はいう。「村行政や鎮政府だって私たちを楼房に移転させるために"口約束"ばかりをしてきた。たとえば，楼房に移転したら，失業保険，年金，医療保険に加入させてあげるとか。だから私も同じように，ここが自分の土地であると嘘を言い続けていくだろう。今の村の党書記だって，何年か後には別の人に変わる可能性がある。私がこの土地を占拠している以上，村行政も私に対処しようがないはずだ」(2016年8月3日の聞き取り)。

　また，今回の行政との交渉を経て，高麗は旧家屋跡地に対して，自分が法的使用権をもっていることを確信するようになった。たしかに，高麗が旧家屋跡地にコンテナを建てた後，高麗の夫は警察に出頭を命じられた。しかし，高麗が警察に出頭の理由を聞いたところ，コンテナが盗まれたものではないことを証明する書類にサインするためという回答だった。高麗はそれで胸をなでおろしたと同時に，「この一件で私は，国土管理局，公安（警察），村行政，郷政府の誰もが，自分の家屋跡地にコンテナを置くことに異議を申し立てていないことに気づいた。このことは逆に，私が家屋跡地に対して，確実に法的権利を有していることを証明してくれた」(2016年8月3日の聞き取り)。

4-3　楼房の物業管理費を払わない

　楼房建設で農地を失っていた高麗は，農地に対する補償が十分で

ないことを理由に，2年間ほど移転を拒否していた。しかし結局は，17歳の息子の意見を聞き入れる形で，2009年に移転した。しかし高麗は移転後も，団地を管理する行政機関（鎮政府）とぶつかることになった。

たとえば，楼房団地に移転した当初，高麗は毎年310元の「団地社区」物業管理費（維持管理費）を払っていた。ところが高麗はある時期から管理費を支払わなくなった。その直接的な理由は，自分の住む楼房の下に設置された子供の遊楽施設にあった。そこでは子供たちが毎日，飛び跳ねたり，騒いだりしているため，高麗は昼寝ができずにいた。そこで高麗は団地を管理する物業会社に行って，次のように告げた。「その娯楽施設を片付けない限り，私は管理費を払わない」。また高麗は，村びとから取った物業管理費の使い道を公にしないと，自分は永遠に管理費を払わないとも宣言したのである。現在，国は農村の衛生を考えて，各地の村に道路清掃のための補助金を出している。私たちのところが農民社区であるならば，あなたたち物業管理会社も国から清掃のための金をもらっているはずである。それならば，われわれ農民から金を徴収する必要がない。このように主張して，高麗は物業管理費を支払わなくなったのである。

高麗がこのような行為に出たのは，たしかに高卒で権利意識が高いという高麗の個人的特性に由来する部分もある。しかし，X村全体の様子を見渡すと，必ずしも高麗の個性に回収できない主張内容も多分に含まれている。すなわち，団地移転を拒否したり，移転後も鎮政府に交渉を続ける村びとは共通して，自らの行為を正当化するある種の「正義感覚」を併せもっているのである。

5. 正しい行為を支える論理

5-1 天経地義の権利

　団地移転後，自らの権利を守るために行政と交渉を重ねた村びとは高麗ばかりではない。たとえば，団地を貫く道路の両側に広がる空き地に植えられた芝生を開墾して畑にし，そこで野菜やトウモロコシを栽培している高齢者は多数にのぼる（写真1.2）。また，駐車場として区画された楼房と楼房の間のコンクリートの上に土を盛って，そこで野菜をつくる70歳代の老夫婦もいる（写真1.3）。よく見ると，X村行政の事務室の目の前にある芝生もトウモロコシ畑になっていた。このように，楼房に移転した村びとは，団地社区のなかで，正々堂々と農的暮らしを営んでいるのである。

　村びとが自らのこれらの行為を正当化する際，共通して口にするのは，次のせりふである。「行政が本来すべき仕事をしなかったから，自分たちはやむを得ずこうしたのである。これは天経地義である」。

　では，彼らが考える「行政が本来すべき仕事」の中身とは何なのだろうか。この点について，芝生を畑に開墾したある高齢者は次の

写真1.2　芝生を野菜畑に　　写真1.3　駐車場を野菜畑に

第一部 激変する村の底流にひそむ力とその可能性

写真 1.4 団地住民によるトウモロコシの収穫

ように語ってくれた。「われわれ老百姓は，国家がどのような政策で農民を楼房に移転させるのか分からない。ただ，うちの楼区は，中国全土，いや全世界で一番荒れ放題の小区だよ，きっと。これは笑い話ではなく，現実だよ。小区の中にある大きめな空き地はトウモロコシ畑になり，小さい空き地は野菜畑になっている。もしわれわれに老後の保障，生活の保障があれば，小区の中で場違いの野菜やトウモロコシは植えないよ」（2016 年 8 月 3 日の聞き取り）。

また，他の高齢者は次のように語った。「鎮政府がわれわれ楼房に移転した農民に対して，都市住民の身分に付随する『失業保険，医療保険，定年後の年金』などの保障を与えてくれれば，私はすぐにでもこの野菜畑をやめて，自費で駐車場に戻す工事をするよ。本来ならば，農民を農民身分のままで楼房に移転させるなら，その後にわれわれ農民がどのように生きていったらいいのか，行政が考えなければならないはずである。行政が不作為であるため，われわれは自助努力で農地を開墾している。言ってみれば，われわれは本来行政のすべきことを，自助努力でカバーしてあげているのである。行政はわれわれに感謝すべきである」（2016 年 8 月 3 日の聞き取り）。

村びとは，自分たちの農民団地が世界で一番荒れ放題なので，ぜひ収穫時期に筆者に見に来てほしいと言う。写真 1.4 は，2017 年 10 月に筆者がこの団地内で撮影した写真である。確かに，収穫されたトウモロコシが団地の通路の両側に散乱していることが，この写真からも読み取れる。

5-2 「正しい」行動を支える人びとの共通観念

 前節までは，団地に移転をしない，あるいは団地移転後も芝生を畑に開墾するといったような，行政が認めないことでも公然と行う村びとに焦点をあてつつ，彼らが自らの行為をどのように正当化するのかを探ってきた。

 団地への移転を拒否するような村びとを，中国では「釘子戸」（釘のように動こうとしない）と呼ぶ。これまで「釘子戸」は，自分の利益を最大化するために行動を起こす人物であると言われてきた。たとえば，任哲（2015）は，都市化の過程で立ち退きを迫られたものの，デベロッパーの提示した補償額が少ないことを理由に，頑として動かない重慶市の「釘子戸」を取り上げている。この「釘子戸」はメディアの注目を受けたことで有名になり，最後には「物権法」を盾に，自分の利益を守るための行動を起こした。任はこのような現象を念頭に，次のような分析を加えた。すなわち，「個人が自己の利益の最大化を図るため行き過ぎた要求をしていると理解することもできなくはない。再開発地域全体の住民をひとつの集団の利益として理解するのであれば，このケースでは個人による強い利益主張により，再開発のプロセスを大幅に遅らせたことで集団の利益に損害を与えたことになる」（任 2015: 53）。

 本章で取り上げた人びとも，自己利益の最大化を図ろうとする人びとであることは間違いない。しかし，ここであらためて注目すべきは，これまで挙げた多様な背景をもつ人びとの誰もが，自己利益の最大化を超えて，共通する観念を併せもっていたことである。その共通観念を一言で表現すれば，「自分たちは『正しい』ことをしている」という感覚の共有である。

 さらに掘り下げてみると，彼らの「正しさ」の根拠には，次のものがあった。①「それでもなお私たちは生きていかなければならな

い」という，生存を肯定する価値観の共有である。これは，楼房を入手し，内装を完成させてもなお，認知症の家族と村の旧家屋に住み続ける趙国の論理に明確に表れているが，他の抵抗をつづける村びとの誰もが口にする言葉でもある。②「農民を農民身分のままで楼房に移転させるなら，その後どのように生きていったらいいのか，本来的には行政が考えなければならないはずである」という，「規範化された行政観念」の共有である。この「行政は本来〜すべきである」という「規範化された行政観念」の中心には，農民の生存保障がある。③本来行政がすべきことを，立場を逆転させて，我々自身がやっているという生活感覚の共有である。「本来行政が担うべき仕事をわれわれは自助努力で対処している。行政はわれわれに感謝すべきである」という語りはその典型である。この生活感覚の共有によって，村びとは，芝生を畑に開墾するといった，一般的には「破壊的」とみなされる行為であっても，本来行政がすべきこと（生存の保障）の肩替りをしていると位置づけ，正当化をはかっているのである。

　①と②は，先行研究で明らかにした「老百姓の政治白話」に相通じるものである。しかし，本章で例示した農民たちは，「道徳性の高い『老百姓』」であることを超えて，彼らの芝生を畑に開墾する行為や，農家跡地を畑に開墾するといった「破壊的」行為をも，直接的に正当化している。言い換えれば，一見'アウトロー'的な行為であっても，生存が脅かされる時には，行政と立場を逆転してまでもそれを肯定できるという生活感覚が共有されているのである（③）。つまり③は，①と②のような「規範化された行政観念」のもとで，農民の生存を実際の生活上，肯定していないと感じられた時に生じるものであり，生存を保障しない行政の代わりに，農民自らが生存のために行う自助努力は「正しい」とする論理なのである。

6. おわりに

 本章は，農民身分のまま，都市居住の象徴である団地に移転させられることになった天津市武清区X村を事例に，移転が決まって10年経っても，団地への移転を拒否し続ける村びとや，団地内で畑を開墾する村びとを取り上げ，彼ら／彼女らの'アウトロー的な行為'を自己正当化する論理について分析してきた。

 そこで新たにわかったことは，これらの行政からみれば'アウトロー的な'行為であっても，村びと自身は「『正しい』こと」をしているという感覚を保持し，しかも「行政の方こそわれわれに感謝すべきである」という判断を共有していた。本章では，この「生存を肯定する観念」と「規範化された行政観念」をもとに，農民自らが行った生活向上のための行為をそのまま正当化する論理のことを，「中国生民の正当性論理」と名づけたい。

 この「生民」という言葉は，東洋思想史研究者・溝口雄三が指摘した中国古来の「天下・生民」思想に由来している。溝口によると，「天下・生民」思想の中身とは，おおよそ次のとおりである。「中国には古来，天が民を生ずるといういわゆる生民の思想」があり，「民は国家・朝廷に帰属するのではなく，天・天下に帰属する」と考えられてきた。そのため，「『天下は平らか』という時の『平』には，道義的な平安，すなわち人類があまねく公正に生存がとげられ，調和に満ちた共存状態が実現しているさまが含意されている」という（溝口 2001: 41）。このような生民思想に基づけば，もし民の生存が保証されないとき，天の生民，つまり天によってその生存を元来保証された民衆は，王朝の専横に対してそれを一姓一家の私として指弾できることになる。これは中国の易姓革命の原理にもなっていると，溝口は指摘している（溝口 1995: 59; 溝口 1996: 65）。

第一部　激変する村の底流にひそむ力とその可能性

　本章の考察で明らかになったように，「中国生民の正当性論理」には，本来的に民衆の生存は保障されるべきであるという「生民」の思想は含まれているが，古代の知識人・士大夫らによって作られた「天下」の観念は含まれていないことになる。しかしながら，もし「天下」を農民たちの抱く「規範化された行政観念」に置き換えることができるならば，行政が本来すべき「民衆の生存保障」をしないという専横なふるまいに対抗して，行政が認めない，一見すると'アウトロー的な行為'までもが直接正当化される「中国生民の正当性論理」が作動するのも，易姓革命との類比において，理解可能となる。その意味で本章が示した「中国生民の正当性論理」は，「天下・生民」思想の直系とみなすことも可能なのではないだろうか。

注

1 　これが表面上の理由で，もう1つの理由として応は，陳情活動するたびに地方政府の示す補償償金額が変わることをあげている（応 2001: 47-49）。
2 　ここでの政治白話とは，庶民（農民）が政治的な問題をめぐって行政と交渉する際や，政治性を帯びる問題を語る際に取り入れる話術（交渉技法）のことを指す。
3 　なぜ農村の発展を目標とする新農村建設が，地域によっては建設用地の効率化を求める団地移転とセットになっているのかについて，閻（2017）が詳しい。

参考文献

【日本語】

小林一穂（2016a）「中国農村社会における集住化」小林一穂・秦慶武・高暁梅・何淑珍・徳川直人・除光平著『中国農村の集住化——山東省平陰県における新型農村社区の事例研究』御茶の水書房，8-52.

小林一穂（2016b）「孔村鎮における農村社区化」小林一穂・秦慶武・高暁梅・

何淑珍・徳川直人・除光平著『中国農村の集住化——山東省平陰県における新型農村社区の事例研究』御茶の水書房, 180-226.
溝口雄三 (1995)『中国の公と私』研文出版.
溝口雄三 (1996)『一語の辞典　公私』三省堂.
溝口雄三 (2001)「中国思想史における公と私」佐々木毅・金泰昌編『公共哲学1　公と私の思想史』東京大学出版会, 35-58.
毛里和子 (2012)「陳情政治——圧力型政治体系論から」毛里和子・松戸庸子編著『陳情——中国社会の底辺から』東方書店, 1-22.
任哲 (2015)「都市化と利益調整——基層レベルにおける政策過程に関する考察」天児慧・任哲編『中国の都市化——拡張, 不安定と管理メカニズム』アジア経済研究所, 45-67.
閻美芳 (2010)「中国新農村建設にみる国家と農民の対話条件——天津市武清区X村における農村都市化の事例から」『村落社会研究ジャーナル』16(2): 8-19.
閻美芳 (2017)「新農村建設の土地権交換による農民主体の住居移転——山東省莱蕪市X村の取り組みを事例として」『日中社会学研究』25: 67-80.
厳善平 (2002)『農民国家の課題』名古屋大学出版会.

【中国語】
司林波 (2011)〈農民社区建設中"被城市化"問題及其防止〉《理論探索》2011年第2期: 89-94.
項飈 (2010)〈普通人的"国家"理論〉《開放時代》2010年第10期: 117-132.
応星 (2001)《大河移民上訪的故事》生活・読書・新知三联书店出版.
張鳴鳴 (2017)〈"農民上楼"後財産権利的変化〉《中国農村経済》2017年第3期: 74-85.

付記：本章は, 科学研究費補助金・基盤研究C（一般）（2015年度～2017年度・課題番号　15K01867）「中国農村地域の自律性に関する政治社会学的研究——グリーン・ツーリズム実施地域から（研究代表者：南裕子）」, 科学研究費補助金・若手研究B（2017年度～2020年度・課題番号 17K13281）「農民の生活実践からみる団地移転プロジェクト後の中国農村社会変容と再構築（研究代表者：閻美芳）」の研究成果の一部である。

第2章 農村公共サービス制度の変動と村落ガバナンス
——成都市の「経費進村」を事例として

陳 嬰嬰・折 暁葉

(訳・南 裕子)

1. はじめに

　農村の税費改革後,「一事一議」は, 農村コミュニティの公共財提供の主要な制度となった。「一事一議」とは, 村の公共事業のために村民から資金を調達する方法として国家が規定したものであり, 村民からの資金徴収は1人当たり15元を超えてはならないとされた。この制度は, 農民の負担を軽減し, 各レベルの政府と村が農民からみだりに費用徴収する問題をある程度回避できた[1]。しかし, この制度も, 後述するように, 政府と村による村の公共サービスへの投入の不足をもたらし, そもそもこれまでずっと供給不足であった村の公共サービスは新たな苦境に陥っている。

　農村コミュニティの公共サービスの多くは, 1つの村の小さな範囲で受益する公共財であると同時に, 分割不可で排他性のない純公共財であり, 市場を通じての供給が難しいものでもある。一方, 農村では, 農業生産方法の変化, 生活水準の向上により, 村の公共サービスへのニーズは常に増加している。

　国は, 農村の公共サービスへの投入不足による一連の問題を解決するために, 特別な財政移転と「一事一議奨励補助」[2]の方法をと

ろうとした。例えば「項目制」[3]は，一種の財政移転の方法として村の公共サービス建設に一定の働きをしたが，それでもすべての村に恩恵を及ぼすことはできないという問題が存在した。こうした財政移転で受益した村は，だいたいが「模範村」であるか極端な「貧困村」であり，普通の村は利益を得ることがない。そして，受益した村でも，（公共財についての）日常的な運営，管理保護，および「最後の1マイル」に大量の問題が存在している。この方式で導入された事業の一部は，村民の真のニーズからではない可能性もあり，このため，解決される問題も，村が最も差し迫って解決しなければならないものではない可能性がある。

村の公共サービスを誰が提供するのかについては，学術界でも多くの議論がある。その観点は，市場主導，村あるいは民間主導，政府主導の3つに大きく分けることができる。しかしながら，我々が現実に目にするのは，農村公共財供給の「市場の機能不全」，「政府の機能不全」と「コミュニティの機能不全」である。市場や「一事一議」であっても，また「項目制」の制度であっても，村の公共サービスは困難から真に抜け出すことはできていない。

どの方法で村の公共サービスの問題を解決するにしても，村の自治組織と村民からの積極的な応答が必要であることを我々は目にしている。村の公共性の構築やその維持と発展は，村の公共事業の持続的発展に影響を与える主要な要素の1つになるであろう。

本章では，成都市の公共サービス領域での改革を紹介し，農村公共サービスの制度が村に入ったときに，村はいかにそれを受け入れ対応するのかを明らかにする。そして，外部からの制度変化が村で内部化される過程とメカニズム，そして制度の内部化が村内部の社会的連関を強めたのかどうかを検討する。さらにこの改革によって，公共サービス事業において，政府の財政転移資金が最大の効果を発揮する可能性が高められたのかどうかも分析する。

2. 村の公共サービスの苦境——「村の機能不全」

　長期にわたり，農村の公共サービスのための支出は，国家と各レベルの地方政府の公共財政の中には含まれておらず，特に，村の公共サービスは，一貫して主に村の「自力更生」に依存していた。改革開放後，農村の現代化の水準はバラつきがありながらも向上し，政府の農村への投入もある程度増加した。しかし，「自力更生」に頼って村の公共サービスを解決する状況には，さほど大きな変化はなかった。

　だが近年，国は農村の公共サービスへの投入を拡大し，農村の公共サービスのレベルは向上した。税費改革の進展につれて，一部の公共サービスの支出は，村の「自力更生」から，財政の経常支出による負担に転換し，教育，医療などは徐々に国が統一的に提供することとなった。また，農村のインフラ施設への投入も増大した。だがこれらは，しばしば村にまで深く入ることはできなかった。特に，インフラ施設の日常的なメンテナンスや管理は，依然として「自力更生」の方法で村コミュニティが自らで解決している。農業用水，生活用水，電力供給，通信，道路交通はみな，さまざまな程度に「最後の1マイル」問題を抱えている。一部の郷鎮ではさらに，本来は郷鎮で責任をもつべき「最後の1マイル」問題を村に押し付けている。

　農村公共サービスが直面しているさらに大きな問題は，村の弱体化あるいは衰退である。「一事一議」であれ「項目制」であれ，村の側に主体的な動きがなければ，村の公共サービスの展開は難しい。国家の現代化が進む中で，大多数の村落では，労働力や村のエリート，そして村の資本の流出問題に立ち向かわなければならず，村の構造，ガバナンスの論理には大きな変化が生じた。過去の集団制は

解体し，伝統的な村落内部の関係も，現代の経済発展と政治体制の二重の圧力を受け，しかるべき互助互恵メカニズムを発揮することができていないのである。

　二重の圧力のうち政治体制にかかわるものは，農業税の廃止に伴い村のガバナンスモデルも変化したことであり，それにより村の組織は公共財の供給から一部退出し始めた。それはつまり次のようなことである。税費改革後の「一事一議」により，国家と農民をつなぐ村幹部は，農民の要求に応じて基本的な公共サービスをいくらかなりとも提供すべきとされた。ただし，この制度の下では，各レベルの政府は，農民から「取ること」はしないが「与えること」もしない。一方，村では内部の利益が多様化し，村民の公共サービスへのニーズはレベルが高まり，また多様化したため，村幹部は，「一事一議」において，「やるべき『こと（事）』を議論するのが難しく，議論しても決定が難しく，決定しても実施するのが難しい」という状況に直面した。この時，村幹部は国家と農民との間を漂う存在へとその役割を変化させた。彼らは，政府を代表して農民から税金を取り立てる必要がなく，同時に農民に公共サービスを提供するという上からの圧力も大幅に軽減された。このため，村幹部の仕事から逃げるか不作為の策略をとったのである。そしてこうした困難な状況に対してコミュニティは無力であった。

　その後，「一事一議奨励補助制度」や「項目制」が導入され，政府は「与える」だけで「取らない」となった。だが，「与える」対象はさまざまに限定した。地域における意思決定には直接関与しないとしながらも，実際は，一部あるいはすべてについて農民の代わりに決定していた。また，この制度では，村で予め公共投資がなされていないのであれば，いつまでも事業費を獲得できないようになっている。農民全体が受益する制度ではなく，むしろ村と村の格差は拡大したのである。

第一部　激変する村の底流にひそむ力とその可能性

　もう1つの圧力である経済発展は，改革開放後，農民の流動性を高め，村内部の社会構造に大きな変動を生じさせた。我々が調査した四川省は農民工の主要な流出地の1つであり，一部の農民の生活の重心は既に村外へ移っている。1人当たり平均の耕地面積が小さいため，多くの農家はすでに農業を副業にし，農繁期以外の大部分の時間を出稼ぎに使う。

　現代化と都市化は，農民に「足で投票する」可能性を提供した。村の公共サービスの不足に際して，村内部の協議と協力にたよることは，すでに唯一の問題解決の方法ではなくなった。この種の供給不足が農民の容認できる最低ラインを超えたときには，農民は自分の村を捨て，他所で満足を求めることができるのである。

　村外で公共サービスへの満足を求めるのは，往々にして村内のエリートである。改革開放以来，村落内の階層分化は不断に深まり，多くの村では，農業に従事し続ける純農家もいれば，商売人，企業主もいる。階層によって公共サービスに対するニーズも異なる。村民の公共サービスのニーズが絶えず高まる一方で，村コミュニティは，公共サービス資源の分配枠組みとして，すでに1つのまとまりをなしていない。村内に明白な利益の分化が出現しているのである。この種の利益分化は，村の公共サービスについての意思決定をさらに難しくさせている。こうして我々は，村の公共サービスの悪循環を見ることになる。資金調達の困難さと村内部の関係が疎遠になることにより，村の公共サービスの水準は，かろうじて維持される程度となる。そして，元来の都市農村関係の枠組みの下では，この問題を解決するのには村民からの資金調達によることになる。しかし，村の環境の悪化により，資金を出したり，村民を組織したりする能力のあるエリートは村を離れ始めている。

　村の公共サービスは，村内部の公共秩序により維持されなければならない。急速な市場化，都市化の過程において，多くの村におい

て内部の社会的つながりは低下し，すでに「最低ラインのガバナンス」の状態にある。大量の労働力の村外就業，農業の機械化水準の向上により，村落内での生産をめぐる協同はますます減少し，さらに村落合併は，過去の「熟人社会（顔見知り社会）」を「半熟人社会」または「赤の他人社会」にした。村民の相互作用と協同の減少は，村のコミュニティアイデンティティに大きな変化をもたらし，一部の村民にとっては，村はあってもなくてもよいものになってしまい，村のことには決して積極的にはかかわらなくなってしまった[4]。村の公共サービスが直面している「村の機能不全」の苦境である。

村の公共財の提供は経済的な支えが必要であるが，このことは，資金があれば村のすべての問題が解決できるということを意味するわけではない。コミュニティの共同発展に適したルールと制度をいかに打ち立てるのか。どのように自主的な意思決定により村民が真に必要とする公共サービス事業を選択するのか。自主的なガバナンスを通じて，村の公共財の共有と維持をいかに行うのか。民主的な協議によりどのように村落内外の利益関係を調整し，村民の公共事務への参加の積極性を促し，村内の社会的なつながりを強化し，そして村落内外の調和を実現するのか。これらはみな，村の公共サービスをめぐって解決すべき問題である。

3. 成都市の事例：「経費進村」──政府が推進する制度変化

ポスト農業税時代の村の公共サービスは，どのように発展させるべきか。村民の生活に必須の公共財はどのような主体によって提供されるべきなのか。政府と村それぞれの責任範囲はどこになるのか。

2003年以降，全国の新農村建設運動において，成都市政府は，都市農村間の均衡のとれた公共資源の配置をしてこそ「三農問題」を解決できると認識していた。成都市では長期にわたり，全市の

人口の約 60％を占める農村人口に対して，公共資源の配置は公正なものではなかった。このため，公共資源供給制度の改革を通じて，都市農村間で均衡のとれた公共資源の配置を実現し，都市農村の格差を縮小し，調和のとれた発展を実現しなければならず，これは政府が担うべき主要な職責であった。改革の主旨は，各レベルの政府に農村への投入の増加を求め，公共資源の都市農村間の均衡のとれた配置を推進し，徐々に都市と農村の基本的な公共サービスの均等化を実現することであった。

3-1 「経費進村」の制度設計

成都市では，2008 年から村の公共サービスの難題解決に着手し，「経費進村」制度を設立して，村の公共サービスの経費を財政予算に組み込んだ[5]。これは，村の公共サービスと社会管理に対し長期的な効果があり，持続可能な公共財投入を実現させるものである。それによって，広大な農民大衆が現代化のプロセスに等しく参加し，改革と発展の成果を分かち合い，都市農村が調和のとれた発展をするという目標を達成しようとした。

「経費進村」制度では，政府，市場，村組織のそれぞれが担う公共サービス事業を確定したのちに，村が担当する公共サービスと社会管理事業に対して，財政からの「定額補助」を行う。市そして区・県の 2 つの行政レベルは，財政補助を必ず保証し，各村（社区）に，毎年，少なくとも 20 万元の社会管理と公共サービス専用の資金を提供する。村が得るこの専用資金は，村民の民主的な意思決定を通じて，緊急を要するが一時的に資金源を欠く事業に確実に投入されなければならない。専用資金は，村（社区）が保有する資金となるが，生産経営活動に使用してはならず，負債返済や形を変えて村民間で分配することもできない。

村の公共サービスは，村が主に責任を負うというこれまでのあり

方から,政府主導で多様な主体が参加し,また類別化されて供給されるものに転換した。その中で,村の自治組織が主となって提供するサービス事業は主に,農民の日常生活と関連する管理とサービスであり,文化活動,農民体育健康づくり,農村治安安全,村民の事務代行,環境衛生管理,もめ事の仲裁,政策の宣伝等である。農村の道路の建設と維持,水利施設の建設と維持は,政府の職責とされ,農村の水,電気,ガス,通信,インターネット等のインフラ建設と維持は市場が担うべきものとされた。

政府はまた,一部の村の長期的な計画もサポートしており,経費を集中させて比較的大きな事ができるよう望んでいる。大規模な公共サービスは,その年の経費で賄うことは難しい。こうした問題に対して,「経費進村」制度では村の公共サービス用の融資プラットフォームが設計され,政府が投入する公共サービス資金は拡大している。

3-2 主体は村民──民主的意思決定,監督,情報のフィードバック

このような政府の資金投入に対して疑問の声がないわけではない。その中でも主要な懸念の1つは,この政府からの資金の有効利用をいかに担保するのかである。つまり,汚職やほかの事業への転用,浪費が発生しないことをどのように保証するかである。このため,成都市の制度設計においては,意思決定,監督,フィードバックにかかわる大量の事項が含まれている。

「項目制」で我々が目にしたのは,政府が既に作り出した決定の中に,村が自らのニーズを何とかして入れ込もうとすることであった。一方,「経費進村」の意思決定の制度設計で強調されているのは,村民の民主的な決定である。上述のように,村の公共サービスのためのこの専用経費の用途は政府が規定しており,それに反しない限り,いかに使用するかはすべて村民が民主的な手順で決定する。

何を,どのように,どの程度まで行うのか。それらはみな民衆が決めるのである。決定権を農民に渡し,農民が自主的に決定したほうが政府の決定を押し付けるよりも優れていると,政府は信じた。その理由は,画一的な政策では,それぞれの村の歴史,文化そして村落内部の関係の違いによって生じている極めて複雑な問題を解決することができないが,農民の民主的な決定であれば,それは確かに有効であるからだ。都市農村一体化運動の全体において,政府はこのことを目にしていたのである。

政府は,「経費進村」のため,意思決定と実施について,以下の細かな一連の手順を設計した。まず,村民委員会が,公共サービス事業の目的,意義,資金の使用および実施方法を広く宣伝し,村民に周知し,村の公共サービスと公共事務に参加する積極性を引き出す。その後,「一戸一表」(1世帯1調査表)でアンケート調査を行った上で,状況把握の現地調査により村民のニーズを理解し,事業内容への村民の意見や提案を集める。その後,村民委員会は,状況調査した結果を種類別にとりまとめる。そして村のインフラの現状や整備計画とリンクさせて,実施しようとする事業の内容についての提案を総合的に整理する。党支部,村民委員会,村民議事会[6]の合同会議での討論をへて,村民委員会が事業申請書を作成し,村民議事会の審議にかける。その内容は,事業名称,建設規模,融資金額とその返済プラン,建設サイクルなどである。この間,郷鎮政府は,村に関連する村鎮計画等の情報を提供して,政府がすでに計画している事業が村の計画の中に含まれないようにする責任がある。これは重複建設と浪費を防ぐためである。その後,村民大会または村民代表大会を開催し,事業の実施について採決を行い,その内容,投入額を決定する。村民会議は,普通,村の18歳以上の村民の過半数あるいは3分の2以上の世帯代表の出席が求められ,決議には出席者の過半数の承認が必要である。議決後はその結果を村民に公

示しなければならず,期間は7日間である。事業監督小組のメンバーおよび監督通報用電話番号も併せて公示する必要がある。事業が村内で承認された後は,さらに郷鎮と県の「経費進村」事業の統括部署に報告し,最終的な許可,指示を得なければならない。

　なお,融資が必要な事業に対しては,より厳格な審査許可手続きがある。村(居)民委員会が事業申請書を各郷鎮政府(街道弁事処)に上げ,各郷鎮政府(街道弁事処)がそれを取りまとめて,さらに上級政府の審査を受ける。

　事業が許可されたのち,村民委員会は期間内に事業を実施する責任を負い,村民議事会は事業実施を監督する責任がある[7]。事業終了後,事業を監督するための代表者を村民から選び,これら代表者と専門部署とが共に検査を行い,その是非を議論する。検査結果が満足できるものでない場合には,期限を決めて改善を行わなければならない。最後に,アンケート調査の形式で,再度,事業実施の満足度について村民の意見を集め,結果を政府部門へフィードバックする。同時に,政府は情報公開制度も設計した。各村の公共サービス事業はすべてネット上で公開しなければならず,誰であっても事業内容,経費,村民による採決結果,そして実施過程について調べることができる。

　事業の順調な実施と成功は,村民による民主的決定,政府と村民の二重の監督により保証される。村民は,「経費進村」の決定者であり,受益者でもあり,また各レベルの政府と共に事業実施の監督者でもある。決定者としての村民の関与は,政府からの交付金が「面子工程」(見せかけのためのプロジェクト),「政績工程」(官僚の政治的実績のためのプロジェクト)に使用されるのを避けることに有効であろう。そして監督者としての関与は,政府が正確な情報を把握していないことによる管理の困難さや管理コストを低下させ,事業執行過程での浪費や汚職を減少させることができる。さらに重要なのは,

村民が意思決定に参加し，監督して，村が外からの制度を受け入れる過程で，村内部のつながりにも徐々に変化が発生し，村の秩序が新たに構築されていることである。以下，我々は1つの村の事例を通じて，村が外からの制度変化を受け入れ，それに対応する過程を議論する。資金はどのように村に入り，それによって村民の積極的な参加はいかに引き出されたのか。また村の公共空間にはどのような変化が起きたのだろうか。

4. 村の対応——外からの制度の受容

4-1 公共利益の再構築

福村（仮称）は，Y県にある非常に一般的な村で，成都平原西部にあり，面積は 3.47 km²，耕地面積は 3,511 ムー（1 ムー≒6.667a）である。村内の土地は平坦で，都江堰の水利事業により，豊富な河川網と良好な灌漑条件にある。村民は伝統的に耕種業に従事しており，現在の村の農業には，食糧，野菜，花卉，果物，食用菌の栽培と小規模の飼育養殖がある。農業は，もはや村民が従事する主要産業ではなくなったが，福村のある C 鎮は食用菌生産の基地であり，かつては中国農産物協会から「中国食用菌の郷（産地）」と評され，福村にも多くの食用菌生産の専業農家が存在する。四川省は，農民工流出で名高く，福村も例外ではない。およそ 10 分の 1 の村民が通年で出稼ぎをしている。従事している業種を見ると，建築業，製造業，飲食サービス業などであり，中でも建築業が最多である。建築業のうち，技術を必要としない土木作業労働者，各種の技能労働者がおり，また，請負の親方や小規模な建築企業主も少なくない。彼らが働く場所は，全国各地に広がり，西部のチベット，新疆が最も多い。四川大地震後，被災地であった成都市では，大量の復興工

事が行われたため,多くの建築隊は,福村の属する県や隣接する県に戻ってきた。村を出ている人のうち10世帯は家族ごと離村しているが,多くの出稼ぎ者の家は依然として村にある。

村が政府に報告している1人当たり平均年収は7,000元余りであり,もちろんこれは推測の数字でしかない[8]。村幹部によれば,村内の収入格差はかなり大きく,村幹部も出稼ぎ者の収入については決して明らかではなく,特に,村外で企業主や請負の親方をしている人については,誰もかれらの実際の収入を知らず,村民の正確な収入の統計数字を出すことはとても難しい。

村落合併のうねりの中,福村は近隣の寿村と合併し,現在,全村で968戸,19の村民小組があり,総人口は3,067人である。福村の村民は大部分が39の「林盤」(訳注:屋敷林に囲まれた散居集落)に分布している。また,4つの村民小組には,省内でのダム建設に伴う移民を含んでいる(福村は,1人当たり耕地面積が以前は相対的に大きかったため,国が措置した一部の移民を次々と受け入れていた)。福村は鎮市街地(鎮区)と接していて,鎮区は近年拡大を続けており,すでにいくつかの村民小組の一部の土地は鎮区に編入された。また鎮区で住宅や店舗付き住宅を購入した村民もいる。それは,商売のためであったり,村では得られない鎮区での公共サービスを享受したりするためである。

福村の公共サービスは,この地域では悪いほうではないが,この地域の一般的な村と同様に極めて低水準な状態にある。鎮区から比較的近い村民小組ではすでにコンクリート舗装の道路になっているが,はずれにある「林盤」ではまともな道路がない。福村には集団所有企業がなく,村の集団資産も何ら保有していない。村の共産党支部書記のS氏は志があり努力を惜しまない人物で,過去の集団体制で残された一部の資産をある企業に投入した。そこから得られる毎年の利益は多くはないが,村内の日常的な支出は何とか賄うこ

とができる。むろん，この収入では新たな公共サービスへの投入を支えるのは難しい。まだ「経費進村」が始まっていない時に，村が村民のために何かさらにできるのかどうかを尋ねたことがある。S書記の回答は次のようなものであった。

「難しいと思う。今はちょっとやるだけで万元かかってしまう。でもここ数年，我々は村民から一銭も集金したことがない。村集団のお金を工面するのはとても難しい。」（インタビュー記録090117）

村書記にとって，村の公共サービスはすでに村の運営を維持する最低水準には達しており，新たな投入はしてもしなくてもよいことである。一方で，村民の利益の分化も，議案の提出と村内での共通認識の形成を難しくしている。

村民の利益の分化は，村民の職業の多様化につれてより顕著になった。長期にわたり村外にいる人びとは，もはや土地には依存しておらず，農地整備や灌漑施設建設にはいくらも情熱がなく，より関心を寄せるのは村内の生活環境であり，例えば，道路（自分の車の通行のため）やごみ処理などである。だが依然として田畑で働く村民は，灌漑水路が漏水しないかどうかや病虫害への予防対策等の農業生産と密接に関係する事項に関心を寄せる。また，農業に従事する村民の中でも，生産内容や土地との関係が異なれば，公共サービスへのニーズは異なるものとなる。農業生産条件の改善により土地生産性の向上を望む村民もいれば，土地を借り受けている食用菌農家にとっては，土地生産性の向上は農地賃貸料とリンクするため，農地コストの増加となる。このため，彼らは，農業施設への投入に反対はしないが，少なくともあまり積極的ではない。

村民の出稼ぎや職業の変化により，村内部の社会的なつながりに

も変化が生じた。福村は複数の姓の村民から構成されている。S書記は，村内の宗族勢力は決して強くはないと認識しており，宗族の活動も祖先の墓参り程度に限られている。宗族内の協同や互助もあまり多くはなく，大量の労働力が村外に流出したため，村に残った人びとは，何かの際には隣近所に助けを求めるしかない。また，市場化の進展につれ，外部の市場競争関係が徐々に村内に浸透してきた。例えば数年前に，政府は，食用菌生産の発展を促すため，施設栽培を推進し，栽培施設1棟につき2万5,000元の利子補助付きの融資を行った。これによって，食用菌の栽培は施設栽培に転換し，生産コストと生産量が大きく増加した。これに伴い，原材料，労働者，販売等の面で栽培農家の間の競争も激化した。村内には，かつて郷鎮や県政府が組織したキノコ協会等の協同組織がある。しかし，事実上，食用菌生産の最下層にいる生産農家は，外部の市場勢力に連合して対応するようなことはしておらず，通常は自分で解決方法を探している。調査の際に，村民にしばしば次のように尋ねた。「村にどのようなことをやってもらわないとならないですか？」，「村幹部はどんな用件であなたを訪ねてきますか？」。その回答は，往々にして，「いくらもそうしたことは無い」や「今は全部自分で解決している」であった。また，農業労働力が不足する時に，村民間で互助があるかを尋ねたこともある。回答はしばしば，「あることはある。だが，農繁期はお金を出して人を雇ったり機械を手配していて，手伝いを頼むことはほとんどない。」であった。市場の要素が村に入り込んできて，村民間の交換関係もすでに，人情による計算から労働コストの計算に転換し始めている。

村内部の関係性の変化は，村民を日増しに個人化させている。能力のある人は村外に公共サービスを求めてそのニーズを満たしている。村内にはまだ多くのやるべき「こと」はあるのだが，村民と村，村民と村民を繋げる紐帯が減っている。外部世界の現代化が進むに

つれて、村の公共利益は徐々に失われつつある。

2009年末に、福村は、政府からの公共サービス事業専用資金の30万元を受領した。それは、福村の幹部の言葉によると、「自分たちが幹部になってからどころか、解放以来、政府がこんなに多くの金をくれたのを見たことがない」というものであった。「経費進村」後、村の公共利益は再構築され始めた。公共サービス事業を担当するのは村で、なおかつ規定では、どのような形であれ資金を直接個人や各農家に分配してしまうことは認められていない。また、「戸推表」[9]のアンケート調査によって誰もが確実にこの事業を知るように政府が制度設計していたので、福村の村民たちは集まってこの大金をどのように使うのかを議論し始めた。福村で回収された「戸推表」からは、「経費進村」が村民が村のことに参加する情熱をかき立てたことが見てとれる。村民の大多数は真剣に「戸推表」に記入し、わざわざ村外で働く人に電話をしてどの事業を選ぶべきかを話し合った人たちもいる。「戸推表」に記入されたニーズは多種多様で、その中には実際には公共事務に属さないものもあった。多くの村民が提案した事業は、架橋、道路建設、村内の治安等に集中していた。過去にすでに多くの村民が諦めてしまった公共利益に対するニーズが再び喚起された。広範な話し合いの中で、村内、村民小組内の共通認識も徐々に形成され始めた。

4-2　村での協議と意思決定——公正の原則とローカルな知識

「経費進村」は、村の公共サービス事業の正式な制度として設計され、その執行には一連の規定があり、強調されているのは一種の普遍性である。政府は実施細則も制定しているが、制度の執行過程において、依然として多くの特殊な問題が存在することになる。だが幸いにもこの制度では、村民による民主的な意思決定の制度設計において、村に大量の裁量の余地を残している。このため村は充分

に自己の主体性を発揮して,「経費進村」の制度に対応することができる。上述のように,福村内部では地理的な位置,階層,利益構造において大きな差異が存在しており,公共サービスについての意思決定で一致を見ることの難しさは推して知るべしである。村内部のルールが存在することで,滞りなく決定が行われ,きりがない話し合いや水掛け論に陥らずにすんでいる。

多種多様な「戸推表」を前に,福村が直面した主要な問題は,どのように意思決定をするのかということである。政府による作業工程にはない「事前の意思疎通」が,ここでは重要な働きをした。これは,「経費進村」だけでなく,その他の村の公共事務においても避けて通ることのできない手順である。多くの駆け引きは,実際のところ「事前の意思疎通」の中で行われる。「戸推表」に現れた村民のニーズを村民の共通認識にするプロセスは,かなり複雑なものであり,3,000人余りの人口をかかえる大きな村にとって,これは非常に負担の大きな仕事である。S村長によれば,村民を説得するために,10回,20回と村民代表のもとを訪ねて話をしなければならない時もあり,村民代表を引き連れて直接現場に行って状況を理解することもあったという。そして村落合併により,「事前の意思疎通」の難度が上がった。福村は東西に少なくとも5km程度に広がり,もはや「顔見知り社会」ではなくなった。村幹部は,村民が,「事前の意思疎通」を通じて行政村全体の状況を理解できるようになり,最終的に共通認識に至ることを望んだ。S村長は次のように語った。

「上の村民小組の人も下の村民小組の人も,みな状況がわかっていない。家の前の事や自分の生産隊のことを話すだけだ。実際,我々がやらなければならないのは,村民が関心を寄せるそうしたことであるべきだが,かれらの関心事は村全体

を考えたものではない。我々がこのようにする目的は，主に，我々が村の両委（訳注：党支部と村民委員会）として全面的に物事を配慮する意思を，どのようにみんなの意思に変えるのかを考え，その上でこの仕事を進めるためである。」（インタビュー記録091115002）

福村にとって「事前の意思疎通」は，村の公共事務を進める際の仕事の仕方の1つであるだけでなく，成文化されていない1つの規則を形成している。「事前の意思疎通」にあたって，福村幹部は，一方で伝統的な「顔見知り社会」の社会関係の資源を利用し，もう一方では，党員，老幹部，村民組長，村民代表等のフォーマルな村のエリートも利用した。こうして，事前に各方面の村民の意見や態度を理解し，異なる意見を持つ村民を説得し，最後の正式な討論と決議のために基礎を固めたのである。

政府の制度設計では，この資金の使用は「公平，公正，公開」であることが求められている。一種の公式な制度として，ここでの公正の根拠は，正式な法律や規則であり，普遍的な原則に則ることである。すなわち，すべての村民が同等の権利をもち，1人1票の多数決で決定する。村がこの制度を村内部のルールとして内部化する時には，公正の原則は当然遵守しなければならない。さもないと，村内で対立が引き起こされる。しかし，村が求める公正原則は，政府の公正原則とは異なる。福村を例に，村ではいかに自己の公正原則を打ち立てるのかを見てみよう。

まず，S書記は次のように我々に語った。

「我々も『経費進村』のテスト村については既に聞いていた。しかし，そうした村のようにやっても，我々の実際の状況とは必ずしも合致しないと思った。やるからには自分たちの利益に

かない,さらに操作性もよく,大多数の村民が受け入れられるものでなければならない。なので,我々にははっきりした目的があってそうやったのであり,それはテスト村が行うものとは異なったものであった。」(インタビュー記録 091115002)

　福村は,標準的な制度設計とどこが異なるのか。この資金を公正に分配するため,福村の幹部は大いに頭を働かせた。福村では,「社」と呼ばれる村民小組が依然として村民生活の基本単位であり,農地請負の第2期には,行政村を単位として新たに土地を分配することはせず,各村民小組の内部で調整を行った。現在,いくらかの宅地は村民小組の境界を越えて分配されているが,各村民小組の配置はほぼいくらも変化していない。よって,「社」が今回の公共サービス経費分配の1つのユニットとなった。

　しかし,政府の規定により,各村民小組で資金を均分することはできない。村幹部もそれは不公平であると考えていた。理由はまず,一部の村民小組に対して歴史的な借りがあるからだ。公道や村の中心に近いところでは,これまで比較的多くの資源を得てきた。「この村は10を超える生産隊(訳注:現在の村民小組のこと)があり,もともと2つの村であった。もとの2つの村民委員会の周囲の生産隊はみな同様に資源を得ているが,はずれにある生産隊に投入されている資源は少ない」ということなのである。

　そして次に,各村民小組の規模が異なるためである。最小の村民小組は12戸43人しかおらず,15戸から村民代表を1名選ぶとすると,この村民小組には1名も割り当たらないことになる。一方,大きな村民小組は90戸あまりあり,6名の村民代表を選出できる。1人1票の票決に付すだけにしてしまうと,村民大会であれ村民代表大会であれ,小さな村民小組はいつも割を食うこととなる。

　こうして,前段階での「事前の意思疎通」を通じて,村では村民

小組を単位としてこの資金を分配することを決定し，各村民小組が享受できることを保証した。その限度額は実際のニーズに基づいて決定することとし，資金を均分した場合の1人当たりの額を参照した。各村民小組の長が，その村民小組の村民大会の開催の任にあたり，村民で討論をして意見が一致した後に，村に提出し，村民議事会での票決に付す。村民議事会は実際のところ村民小組が提出した事業を否決することはできず，ただ，事業実施の順序とどれくらいの資金を投入するかを決めるだけである。資金が公平に分配されるよう，村ではさらに受益者の出資と出役の制度を制定した。例えば，ある村民小組が自己の「林盤」につながる道路を整備したい場合，この村民小組の村民は費用の一部を分担し（例えば1mあたり10元），あとは公共サービス専用資金でまかなう。同時に，メインの道路から家の門までの部分については，その家が各種建設材料の運搬のための労働力を出す。S書記によれば，資金が分散して各事業の資金は少なくなるが，このような方法で多くの実のあることをやろうとしたとのことである。

最終的に福村では，最初の公共サービス専用資金を，主に各村民小組の道路，橋，農業用水路の建設と管理に使用し，さらに一部の資金は村の日常的管理に用いた。福村の資金分配は見たところ均分主義でばらまきのきらいがあり，資源を集中して大きなことをするという期待とは符合しないようである。だが実は，道路や農業用水路はみな村民にとっては生計にかかわる重大事であるのだ。

福村において，公共サービス専用資金の使用に関する取り決めがつつがなくできたのは，制度が明確に村民の権利を規定していたため村民の積極的な参加があったこと，そして長期の安定した資金であるため村民のニーズは遅かれ早かれ満たされるという理由があった。

しかし，それ以外にとても重要なことがある。それは，この外来

第2章　農村公共サービス制度の変動と村落ガバナンス

表2.1　2009年福村公共サービスおよび社会管理の実施事業一覧

収入：
1. 上級財政から　30万元
2. 各社より集金したコンクリート道路整備費　16,768元（2社1,608元、3社1,608元、5社1,896元、6社2,400元、9社3,313元、10社900元、11社4,000元、18社900元）
3. 道路整備材料費（スイカ店主から）960元

支出：
1. コンクリート代　51,315元
2. U字溝代　22,020元
3. 砕石、砂、石　71,490元
4. れんが　7,900元
5. 社員代表、監査役会メンバーへの手当　1,800元
6. 村民議事会メンバーへの手当　500元
7. 4社のポンプ施設小屋修理補助　1,130元
8. 8、9、10社の中学路暗渠工事補助　300元
9. 農業用水路浚渫費補助　1,620元
10. 環境衛生清掃人員人件費　1,500元
11. 夜間パトロール人員人件費　1,730元
12. コンクリート道路整備人件費　29,220元
13. 9社の中学路までの道路整備の人件費と材料費　80,000元
14. U字溝整備補助（7社1,400元、9社2,274元、12社1,570元、14社1,565元）
15. 新聞雑誌代　1,620元、配達費　350元
16. 9社の中学路までの用水路浚渫費　100元
17. 1社橋梁修理費　10,000元

出典：福村からの提供資料をもとに筆者作成

の制度を受け入れる時に、村では自らが執行可能な村内制度を形成したことである。国家の制度は普遍的な公正の原則のもとにある。だが、村の内部の制度が則るのは、コミュニティの公正の原則である。それは、コミュニティの記憶の中にある一連のローカルな知識に依拠するものであり、歴史、関係、事件、情景などを含む。村の幹部と長老は、こうしたローカルな知識の主要な担い手である。調査時にあった次のような一幕は記憶になお新しい。福村には詳細

第一部　激変する村の底流にひそむ力とその可能性

な土地台帳があり，これは土地の請負と流動の正式な記録である。我々は，福村の事務所で土地台帳に目を通していた時，そのうちのあるページについて村幹部に質問した。土地請負経営権登録の際に，そのページの人は自分の請負地を取り戻そうとしたのかどうかという質問内容である。村の文書係の幹部は，台帳にちょっと目を向けただけで，そうしたことは断じて起きないと述べた。なぜならば，その人は，当時，「上糧（国に食糧を納める）」をしたくないので村内で譲渡先を求めており，土地も良く，さらに彼らは親戚関係であるからだという。このちょっとした語りに，福村の土地に関するローカルな知識が表れている。土地の流動の歴史的背景，物事の発生した情景，土地の送り手と受け手の関係，土地の質などのローカルな知識は，村の正式な文書である土地台帳には記載されていない。だが，いざ土地請負経営権登録や公共資源の分配といった問題に直面した際に，村民がみな認めるローカルな知識が動員されることになる。たとえば，過去に誰がわりと多くの公共資源を占用したことがあるのか，1人1票の制度では誰の利益が損なわれるのかといったことであり，それらは，物事が道理にかなっているかどうかの判断のよりどころとなる。

4-3 「こと（事）」がもたらした村の新たなアイデンティティと参加

「経費進村」によって，村に元からあった「こと」が活性化し，同時に，村民の参加の情熱も高まり，政府と村の制度が村民の参加の権利を保証した。福村の村民小組単位の資金分配方法は，これらの「こと」をより村民の生活に近いものにした。このため，村民は，意見を提案する権利を制度の上で得ただけでなく，実際にそれを現実のものとした。村民は，今回，自分たちの意見がその切実な利益に直接関係するかもしれないことを深く意識した。同時に，資源が各村民小組に公正に分配されているのかにも関心を寄せ，村全体の

第2章　農村公共サービス制度の変動と村落ガバナンス

ことに注目するようになった。分散，個人化の趨勢にあった村が，再びまとまり始めたのである。ひっそりとした村に活気が出て，村落合併や出稼ぎで徐々に疎遠になっていった村民が，再びお互いをよく知り合うようになった。

　村民の中で最も活発なのは，当然，村民議事会と監督委員会のメンバーである。福村の村民議事会は47名，監督委員会は5名である。両者とも村民の選挙でメンバーを選出し，その中には，各村民小組の長と一部の古参党員が含まれる。議事会の各メンバーは，それぞれ自身が連絡を担当する世帯があり，政策の伝達，村民の意見の聴き取りと村へのフィードバックを行う責任がある。例えば，村にある1つの橋は，1社，2社，3社の500人あまりの村民が出かけるのに必ず通らなければならないのだが，長年壊れたままで，地震で激しく損傷し危険な状態になっていた。1社の多くの村民は，「戸推表」にこの橋の修理を記入し，1社の議事会のメンバーは，議事会において，橋の修理を今年の事業に入れようと精一杯努力した。1社の71戸268名を代表して，「橋の修理が決まりさえすれば，我々は，労働力をつぎ込み，力を出し汗を流してでも橋をちゃんと修理する」と発言した。最終的に，この事業は優先的に採用され，橋は速やかに修理された。

　「戸推表」と事業終結後の世帯調査表の制度により，村民も広く動員され，自らが必要な公共サービス事業を積極的に提案している。こうした参加は，村民の社と村へのアイデンティティを高めた。我々は出稼ぎをしている村民にもインタビューを行っている。これらの人たちはずっと村外にいて，直接投票には参加していないが，「経費進村」についてはほとんどがかなり関心を寄せ，電話で意見を述べてかかわる人もいた。彼らは，自分は家にいないが，各家の利益にかかわることなので，やはり意見は述べなければならないと考えていた。

事業実施に対する監督では，村民は欠かせない役割を担っていた。福村は，村民小組を単位に事業を決定し，村民も費用と労働力を提供していたので，村民は自分の出した金が浪費されていないか，工事の質が基準を満たしているのかに，大いに関心をもった。しばしば家の前で，また多くの村民は食事の前後に工事現場にまで出かけて，工事の進捗状況を監督し，不足があれば指摘した。

　参加の過程は，村民が学習する過程でもあった。村民は徐々に，制度に基づいて協議し，駆け引きをすることを学び，また，制度の下で妥協することも学んだ。福村でも協議に失敗した例がある。ある1つの村民小組では，内部での意見統一を長い間はかることができず，村で決定した後に2度取り消しを行い，最終的に最初の年の資金を得ることができなかった。村民小組では，小組内で共通認識を持つことの重要性を意識するようになった。1回限りの資金援助ではないため学習の機会があり，村民は次回の協議で努力し意見の一致をみることもできるのである。

　福村では，名義上，土地が集団所有であること以外には村民と村のつながりはますます少なくなり，彼らの生計は，村ではなく外部の市場や外部との関係により多く依存している。出稼ぎの人は外部の労働力市場に，キノコ栽培農家はキノコ加工企業に，そして，建築やサービス業に従事する大小さまざまな経営者はなおさら直接村外の大市場とかかわっている。村は村民にとって依然として重要な存在ではあるが，村民は村の衰退を阻止することができない。

　だが「経費進村」後，この状況に変化の可能性がある。村組織，村民，村幹部の村の公共サービスへの積極的な参加は，村民と村民，村民と村幹部の間の相互行為とつながりを強め，人口流動と村落合併により出現した村の人びとの関係性の希薄化が多少なりとも緩和され始めた。多くの村では，最も基本的な公共財を充足させたのちに，この資金を用いてこれまで農村にはなかった新しい「こと」を

生み出し始めた。それは例えば，文化体育活動，法律サービス，就業情報サービスであり，福村では，文化センターを建設し，球技大会が今後の計画にリストアップされている。こうしたことは，政府が都市農村格差を縮小し，都市農村の公共サービスの均一化の目標を実現するのに役立つだけでなく，村民の村へのアイデンティティをさらに高め，それによって村の社会的つながりも強化されるだろう。

「経費進村」は，国家の農村への介入方法を変え，村の公共サービスへの投入不足を解決し，村が公共サービスの困難な状況から脱するための機会を提供しただけではない。より重要なのは，一連の制度設計を通じて，村の公共秩序に再建の機会を与えたことである。

福村では，政府が敷いた制度の下で，村の主体的な制度構築によって外からの制度を内部化した。だがこれは決して特殊な事例というわけではない。具体的なやり方は異なるが，多くの村において，事業実施過程でその村に合った分配原則を確立しているのが見られる。それは，村コミュニティのローカルな知識を基にして，意思決定過程では大量の事前の意思疎通を行い，簡単に多数決の原則は使用しないということであった。さらに，事業の実施を通じて，村の決まり等の制度を構築するということであった。同時に我々が目にしたのは，政府の側の民主的な意思決定の制度設計も村に制度構築の大きな空間を提供し，村と農民もこの空間をうまく利用できる能力を持つということである。この内部化された村の制度は，操作性がより高い。そして村のローカルな知識は，普遍的な民主制度と結合して，「経費進村」後の公共サービスの意思決定と執行を，政府と村と受益者の3者の監督の下に置き，この資金を有効に利用することをある程度保証した。

外生的な政府の力と村の内生的な力が共に作用して，村が自主的に意思決定し，村民が広汎に参加する村の公共サービスとコミュニ

ティ管理のメカニズムが打ち立てられ，村の新しい公共秩序が構築された。前述のように，多くの村は，現代化と市場経済化により，村の産業構造，職業構造，社会構造に激烈な変動が生じ，衰退にむかっている。しかしそれでも，村は依然として多くの農村住民が生存するための主要な場所であり，都市化の過程で都市住民に転換できる人もいるが，たとえ比較的発展したあるいは中程度に発展した地域でも，兼業農家はまだ長期的には存在する。もし村が衰退してしまったら，村民と全体社会の間の重要なつなぎ目が失われることになり，社会統合の実現は難しくなる。「経費進村」をめぐる一連の制度設計は，村組織，村民，村幹部の村の公共サービスへの積極的参加を通じて，村の公共利益を再構築し，村の公共空間を再建し，村の内部で村民と村民，村民と村幹部の相互作用とつながりを強化し，村づくりを推進するだろう。

5. おわりに——村の公共サービス制度と村の公共秩序，公共ガバナンスの再建

「経費進村」において，我々は，村のガバナンスモデルの変化の後に，村の新しい公共秩序が再建される過程をはっきりと見ることができた。まず，「経費進村」は政府の農村ガバナンスのあり方の重大な制度的転換であり，村の公共サービスの経費は，これまでの自己調達（「一事一議」）や「項目制」から，通常の財政からの補助金へと変化した。制度の恩恵はすべての村に及んだ。以前のように先進的な村や支援の必要な村だけに限られたものではない。

さらに，この経費を有効に使用するために，政府は民主的な手順と制度を制定した。そうして，各村で民生上最も必要とされるところで経費が使用されることを保証した。現場を調査した学者の中には，これを「民主によって民生を守る」と称する者もいた。過去の

ガバナンスの方法とは異なり,「経費進村」では,公共サービス事業の立ち上げであれ,その後の具体的な実施や管理であれ,みな政府の命令で決まるものではなかった。制度上要求されていたのは,一連の民主的な手順に則って,村民が民主的に決定し,民主的に管理することである。

ガバナンスモデルのこのような転換は,村に新たな活動の空間を提供し,村幹部と村民が村の公共事務に参加する積極性をかき立てた。この経費を使用する過程で,村は公平公正の原則により,村の中にある一連のローカルな知識を動員し,村の状況にあった具体的な実施方法を制定した。実施方法の制定過程も,まさに村民が民主の手順や民主的な議事の規則を学ぶ過程であり,「民生によって民主を促進する」ものとなった。

社会ガバナンスの角度から見ると,「経費進村」の制度設計の中で,政府は村により多くの自治の空間を与えた。我々は,外部からの力が注入されるのと同時に,村コミュニティには,公共空間が残されたり,さらには新たな公共空間が作られたりしたのを目にした。こうしたガバナンスのあり方は,国家の村へのコントロールを弱体化させなかっただけなく,かえって村のガバナンスをさらに有効なものにし,村の衰退のいくつかの問題を解決することに役立ったのである。

注

1 ただし,税費改革後の農村の村の公共サービスの資金を保証するという点からは,この程度の資金徴収額では,村のやや大きなそして日常的な公共サービス問題は全くもって解決できなかった。
2 村民から徴収する資金や労働に応じて,中央と省の財政より手当てされる奨励金のこと。財政状況により市,県財政から手当てされることもある。
3 我々がここでいう「項目」とは,巨大な社会建設や発展計画とは異なり,

第一部　激変する村の底流にひそむ力とその可能性

　　また特定の専門領域の技術や建設とも異なり，中央が地方に，地方が基層に対して行う財政移転の一種の運用，管理方法を意味する。「項目制」は，「項目化」の考えとやり方で行うガバナンスの制度システムを指す。「項目制」は，国家と地方の財政投入の方向を導きコントロールし，資金だけでなく，経済的，政治的，社会的に1つのまとまりのある意図や責任を担っている。折・陳（2011）を参照のこと。
4　一部の研究者はこうした状況を「村が村でなくなる（「村将不村」）と称している。例えば，董磊明の〈村将不村——湖北尚武村調査〉。
5　成都市の共産党委員会と市政府は，2008年11月に《関于深化城郷統籌進一歩提高村級公共服務和社会管理水平的意見（試行）》，2009年には《成都市公共服務和公共管理村級専項資金管理暫行弁法》を制定，公布している。
6　村民議事会は，村で村民の監督が必要な特別な事項がある際によく設立される。そのメンバーは通常，村民代表，老幹部等の村の中で一定の影響力のある人びとから構成される。成都の村民議事会は，多くが，土地請負経営権登録の際に，村民の土地使用権の問題を解決するために設置された。そして「経費進村」の際には，村民が公共経費の使用を監督する重要な手段となった。村民議事会は，議事を基層民主の核心的な内容とし，村民が村民議事会を通じて村のことに参加する民主の権利を実際に行使することをねらっている。
7　毎年各村に投入される専用資金による事業と融資による事業の両方について該当する。
8　本節で紹介する福村に関するデータは2011年時点のものである。
9　このアンケート調査は各農家に配布され，農家は優先的に解決を望む公共サービス事業について自由に記入した。

参考文献

【中国語】

曹正漢（2011）〈中国上下分治的治理体制及其穏定機制〉《社会学研究》2011年第1期：1-40.

陳涛（2009）《村将不村——鄂中村治模式研究》山東人民出版社.

陳錫文（2010）〈農村改革的三個問題〉《中国合作経済》2010年第6期：8-9.

党国印（1998）〈論農村集体産権〉《中国農村観察》第4期：3-11, 24.

董磊明（2007）〈村将不村——湖北尚武村調査〉《中国郷村研究》第5輯：174-202.

郭亮（2010）〈村庄公共品供給機制的演変邏輯〉《中国図書評論》2010 年第 10 期：33-37.

国家統計局農調隊（2004）《中国農村経済調研報告——2004》，北京：中国統計出版社.

賀雪峰（2000）〈村庄精英与社区記憶——理解村庄性質的二維框架〉《社会科学輯刊》2000 年第 4 期：34-40.

賀雪峰・羅興佐（2006）〈論農村公共物品供給中的均衡〉《経済学家》2006 年第 1 期：62-69.

賀雪峰・仝志輝（2002）〈論村庄的社会関聯——兼論村庄秩序的社会基礎〉《中国社会科学》2002 年第 3 期：124-134.

毛丹（2000）〈村落変遷中的単位化〉《浙江社会科学》2000 年第 4 期：102-108.

毛丹（2000）《一個村落共同体的変遷》学林出版社.

李明伍（1997）〈公共性的一般類型及其若干伝統模型〉《社会学研究》1997 年第 4 期：108-117.

劉建華・孫立平（2001）〈郷土社会及其社会結構特征〉《20 世紀的中国　学術与社会——社会学巻》山東人民出版社.

劉世定（2003）《占有，認知与人際関係——対中国郷村制度変遷経済社会学分析》華夏出版社.

劉玉照（2002）〈村落共同体，基礎市場共同体与基層生産共同体〉《社会科学戦線》2002 年第 5 期：193-205.

陸学芸（2009）〈破除城郷二元結構，実現城郷経済社会一体化〉《社会科学研究》2009 年第 4 期：104-108.

渠敬東（2012）〈項目制——一種新的国家治理体制〉《中国社会科学》2012 年第 5 期：113-130.

渠敬東・周飛舟・応星（2009）〈従総体支配到技術治理——基于中国 30 年改革経験的社会学分析〉《中国社会科学》2009 年第 6 期：104-127.

宋婧・楊善華（2005）〈経済体制改革与村庄公共権威的蛻変——以蘇南某村為案例〉《中国社会科学》2005 年第 6 期：129-142.

仝志輝・温鉄軍（2009）〈資本和部門下郷与小農経済的組織化道路——兼対専業合作社道路提出質疑〉《開放時代》2009 年第 4 期：5-26.

楊善華・蘇紅（2002）〈従"代理型政権経営者"到"謀利型政権経営者"——向市場転型背景下的郷鎮政権〉《社会学研究》2002 年第 1 期：17-24.

張静（2000）《基層権力》浙江人民出版社.

趙暁峰（2008）〈税費改革後農村基層組織的生存邏輯与運作邏輯〉《調研世界》2018 年第 3 期：25-27.

第一部　激変する村の底流にひそむ力とその可能性

趙旭東（2008）〈郷村成為問題与成為問題的中国郷村研究〉《中国社会科学》2008 年第 3 期：110-117.
折暁葉（1996）〈村庄辺界的多元化――経済辺界開放与社会辺界封閉的衝突与共生〉《中国社会科学》1996 年第 3 期：66-78.
折暁葉（1997）《村庄的再造――一個"超級村庄"的社会変遷》中国社会科学出版社.
折暁葉・陳嬰嬰（2000）《社区的実践――"超級村庄"的発展歴程》浙江人民出版社.
折暁葉・陳嬰嬰（2009）〈県（市）域発展与社会性基礎施設建設――対太倉新実践的幾点思考〉陸学芸・浦英皋主編《蘇南模式与太倉実践》社会科学文献出版社，84-112.
折暁葉・陳嬰嬰（2011）〈項目制的分級運作機制和治理邏輯――対"項目進村"案例的社会学分析〉《中国社会科学》2011 年第 4 期：126-148.
周飛舟（2006）〈従汲取型政権到"懸浮型"政権――税費改革対国家与農民関係之影響〉《社会学研究》2006 年第 3 期：1-38.
周飛舟（2006）〈分税制十年――制度及其影響〉《中国社会科学》2006 年第 6 期：100-115.
周黎安（2007）〈中国地方官員的晋昇錦標賽模式研究〉《経済研究》2007 年第 7 期：36-50.
周黎安（2007）〈中央和地方関係的"集権――分権"悖論〉《天則双周》第 343 期（http://unirule.cloud/index.php?c=article&id=2355&q=3）.
周其仁（2002）《産権与制度変遷――中国改革的経験研究》社会科学文献出版社.

＊上記文献リストでは、本章を理解するための参考文献もあわせて掲載した。

第二部
観光開発に向き合う村の自律性

第3章　農家楽山村の議事にみる公の生成
——宗族単姓村である北京市官地村を事例として

閻　美芳

1. 村びとのプライバシーと公

　中国の漢民族における村落の構成原理は，宗族（同じ先祖をもつ男性の父系出自集団）にあり，これは宗族組織が強固な福建省などのような東南の農村だけではなく，華北の農村でも同じであるといわれる（黄 2000；張 2013: 61 など）。本章の事例地・官地村もこのような宗族村落の1つであり，村びとの9割以上が毛という姓である。村には，毛という苗字をもった兄弟3人が500年以上も前に移民してきたという言い伝えが残っている。

　ただし，筆者はこの村を調査して，村びとが宗族という血縁の親疎だけで行動していないことに気づくと同時に，次のことに驚かされた。その1つ目は，70代のある男性が，自分の叔父の曾孫にあたる村長を「マフィア」につながる人物だと酷評し，村行政のトップの座（党書記）を狙うこの村長を絶対に共産党員にさせないと，初対面の筆者に向かって語ったことである。2つ目は，日中を広場で暮らす高齢女性が，自分の息子の親不孝を口にし，村で老後をおくる自らの理想を筆者に話してくれたことであった。3つ目は，村びとが農家楽[1]の経営権を外部に貸し出す際の料金と対応を相互に明示しながら頻繁に話し合い，実質的にその場で賃貸料金の相場が

決定されるばかりではなく，それを外から訪れた筆者に隠そうともしないことであった。

　日本においては，上記のようなプライバシーにかかわるできごと (現村長の人物評価，自分の老後扶養，農家楽経営権の外部賃貸料金など) は，相互に極力隠そうとするものである。しかし，筆者の訪ねた中国の村では，筆者のような外部の調査者に対して，上記のようなプライバシーにかかわる情報を躊躇なく提供してくれた。これはいったいどうしてなのだろうか。本章では，村びとのプライバシーにかかわる情報の共有の仕方を考察することを通じて，村びとが日常において公の秩序を作り上げていくその原理の一端を解明していくことにしたい。

2. 礼治の原理と「良心」

　費孝通の著書『郷土中国』によると，中国の村落は，血縁の親疎のような「差序格局」の原理に依拠するとともに，それとは異なる「礼治」といった統合原理も併せもっているとされる（費: 1947 = 2001）。費は，この「礼治」を維持する力の源泉が，「人間の身体の外からの権力ではなく，身体の中にある良心」にあるとし（費 1947 = 2001: 46），だからこそ中国では「克己・修身」が重要視されると指摘した。

　では，なぜ「一人ひとりの良心」に源泉をもつ「礼治」が，一人ひとりの心の問題に留め置かれることなく，「公」の秩序として多くの村びとに共有されることができるのだろうか。言い換えるならば，「礼治」が村落を覆う「公」の秩序であると証明するためには，「良心」のような一人ひとりの心の問題を扱うだけでは限界があり，むしろ，人びとが各自の行為を評価して，その評価を村落で共有する素地を形成していく必要があるだろう。つまり，「礼治」のよう

な村落を覆う秩序に関して説明しようとすれば，村びとが日常生活の中でもう1つの「公」の秩序を作り上げるその原理についても説明する必要が出てくるのである。この点は，費の言葉をただなぞっているだけでは見えてこない。

この点にヒントを与える研究として，次のような報告を挙げることができる。たとえば，中国の漢民族の村落には，村びとが自由に立ち寄ることができる公共の場所があるだけでなく，プライバシーの観念が異なる欧米人からは驚かれるような使い方のあることが報告されている。一例として，19世紀に初めて中国奥地の農山村に長期滞在したアメリカの宣教師，A. H. スミスによると，中国の田舎の村々では朝早く大抵の人が道傍に集まって，各自自分たちの扉の前にうずくまって，みんな忙しそうに，飯を箸（中国語では『筷子』と呼ばれる）でもってほうり込んでおり，すぐ近くの隣人と絶えずぺちゃぺちゃ喋っているのをしばしば見かけるという。これは家族全員が1つのテーブルに腰かけて，一緒に食べるヨーロッパではほとんど理解できないことであるという（Smith 1899 = 1941: 380）。

また，中国の漢民族の村落空間を考察した日本の学者の中には，村びとが公共の場で頻繁に「議事」をすることに注意を向けた者もいる。たとえば，深尾葉子ら（2000）の研究グループは，黄土高原に位置する楊家溝村を調査し，空間・音・社会のキーワードに沿って，この300戸の村落を調査した。本章の考察にとって示唆的なのは，この研究グループの1人である栗原伸治の次の指摘である。すなわち，楊家溝村には3つのたまり場があり，その中の一番広いたまり場は村落の中心に位置する。そこは「議事台」と呼ばれ，村びとの情報伝達，情報交換の場所となっている。「議事台」は，露天映画や地方劇を上映する空き地として利用されるほか，近くに売店があり，村びとが日常的に行き交う場所になっているのである（栗原 2000: 63）。

さらに，張静（2005）は，村幹部に賄賂を贈るなどの私的な行為についても，村びとが道路などの公共空間で堂々と情報交換している様子を取り上げている。張は，調査地となった西村という村落で，村びとが村幹部とコネをつくる具体的なコツまで，公共の場で他の村びとに伝授している様子を目の当たりにした。これを目撃した張は，中国の村落に根づく公私混同を嘆いたのである。

　これらの研究から明らかなのは，中国の漢民族の村では，欧米で「プライバシー」として一般に観念されるものをも，「公」にする論理をもっていることである。また，この「プライバシー」を「公」にする論理は，村びとが頻繁に行う「議事」といわれる情報交換に解明のヒントがあることが示唆されている。

　そこで本章では，筆者が実際に官地村で経験した3つの出来事（村長の人物評価，年寄りの老後扶養問題，農家楽経営権の賃貸料金）を順に見ていくことによって，村びとの生活に見られる，宗族とは異なるもう1つの「公」の生成論理を明らかにしたい。なお，官地村での調査は，2015年8月10日から14日までの5日間，2016年7月28日から8月2日までの6日間，および2017年8月23日から24日までの2日間実施された。

3. 宗族からみる村長の選出と評価

3-1　村の概況と宗族結合

　北京市懐柔区に位置する官地村は，北京市の中心から北東に向かって約50 kmに位置し，北京市内まではバスで1時間半ほどかかる。村の中心は標高約170 mの場所にあり，農地と山林は標高170 mから500 mのところに広がっている。村の総面積は7,230ムー（1ムー≒6.667a），そのうち山林が5,309ムーである。村びと

第二部　観光開発に向き合う村の自律性

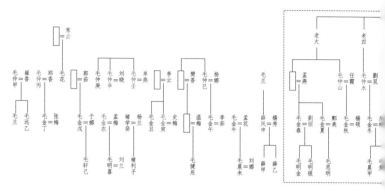

図3.1　官地村の系譜関係
出典：薄い色は共産党員。聞きとりに基づき筆者作成

の居住エリアは南北に離れており，それぞれ，上官地，下官地とよばれている。人民公社時代には，上官地と下官地は2つの生産隊に分かれた時もあったが，現在は同じ村行政に属している。村には，明代の永楽年間（1403-24年）に，毛の一族が山西省から移民してきたという言い伝えがある。官地村は現在も9割が毛姓から成る村である。2016年現在，村に毛以外の姓は3つ（王，薛，褚）ある。王と薛は2世代前に婿入りで官地村に入ったことが確認できる。唯一，官地村と血縁・婚姻関係がないのは褚だけである。

図3.1は，2016年に官地村での聞き取り調査を行った際にまとめた村びとのネットワーク図である[2]。この図は，村民委員会弁公室前に貼り出された選挙権をもつ村民の名簿をもとに，村の広場で行った年配の村びとへのインタビューを踏まえて作成したものである。こうした経緯で作成したものであるため，村びとの家族関係を正確に表すものではなく，あくまでも現に村で暮らす人びとの観念の中で共有している系譜図を示したものである。

図3.1を一見すればわかるように，官地村には依然として強固な

96

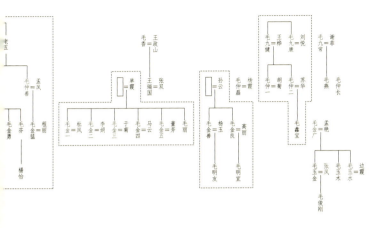

宗族関係のもとにある。宗族とは、冒頭でも述べたように、同じ先祖をもつ父系出自集団のことを指す。宗族は一般的には、東南中国に位置する福建省などの漢民族の村落に多いと言われている。宗族には共有財産の祭田のほか、祭祀の場所である宗祠、出自関係を表す宗譜、族員を拘束する宗法などもあるとされている。

日本の戦時中の資料を用いて詳細な考察を加えた黄宗智は、華北農村の宗族が、華南の地域と比べると、共同財産や規模において微弱であり、村落内にとどまる特徴があると指摘している。しかし他方で、これらの村落において宗族が閉鎖的・内生的な秩序をもたらすだけでなく、村落秩序そのものが宗族によって規定されていることも認めた（黄 2000: 47）。このように華北農村においても宗族は村落秩序において大きな影響力をもっているのである。この黄の指摘を受けて、社会人類学者の王銘銘（2004）は、単一宗族で構成される村落のことを宗族村落（中国語表記では家族村落）と名づけ、その特徴として、宗族と村落が表裏一体となっていることを明らかにした。

これら諸研究を念頭におきつつ、単姓村である官地村の宗族結合

を表す図 3.1 に立ち戻ると,そこから 2 つの情報が読み取れる。1 つは,500 年前に移住してきたこの宗族村落は,同姓不婚（同じ姓の女性と結婚しない）の原則を守ってきたということである。もう 1 つは,同じ毛という姓でも,血縁関係の親疎がはっきりしており,線で囲んであるように,今日の官地村では,房（宗族の小さいユニット）がいくつも並立している点である。

官地村も中国各地の村と同様に,1949 年以降の共産党政権になってからは,宗族の共有財産である墓,共有地などが接収され,今では先祖祭祀の場所も財産もなく,族譜も残っていない。しかしながら,村での聞き取りを通して系譜図を比較的簡単に描くことができたことから見ても,官地村は依然として宗族観念が濃厚な宗族村落であるといえる。次節で述べるように,女性の社会的地位を高めた農家楽経営が主要な産業となった今日でも,村の党書記選挙と村長選挙を左右するのは,依然として男系中心の宗族なのである。

3-2 官地村における農家楽経営と女性の活躍

官地村は,北京近郊において,農村女性が経営する農家楽で有名な山村である。官地村の女性が農家楽を始めたきっかけは,村の周囲の環境が観光の眼差しによって再定義されたことにある。官地村は明王朝時代に築造された万里の長城の麓にあり,村から 6 km 離れたところには,1993 年にオープンした北京市の自然風景区がある（以下,風景区と略称する）。官地村はこの風景区に行く一本道の途中に位置する（写真 3.1）。当時,ブームに乗って風景区に押しよせた北京市民のうちの幾人かが,風景区の入

写真 3.1　村の入口

第 3 章　農家楽山村の議事にみる公の生成

表 3.1　G 村の農家楽対外賃貸料金と契約年数

番号	経営者	賃貸開始時期（年）	賃貸年数（年間）	年間の契約金（万元）	経営の状況
1	北京市内の人	2007	15	2	家主は村内の別邸で暮らす。
2	北京市内の企業	2008	10	4	企業は社内イベントのときにのみ農家楽を利用し，通常は同じ建物の1間に暮らす家主が自由に営業する。
3	東北からの出稼者	2012	15	5	家主夫婦は同じ建物の1間で暮らす。
4	北京市内の人	2014	5	3	週末営業。家主夫婦は同じ建物の1間で暮らす。
5	ホテル全国チェーン	2015	10	12	家主の妻は同じ建物の1間で暮らす。
6	北京市内の人	2015	10	5	家主夫婦は村内の別邸で暮らす。
7	北京市内の人	2015	10	15	家主夫婦は町で暮らす。
8	5 と同じ経営者	2016	10	5（当初 5 年間は 4）	家主は経営経験なし。外部経営者が今の古い家屋を気に入り，家主がそこで暮らさないことを条件に賃貸。
9	北京市内の人	2016	5	5	家主夫婦は同じ建物1間で暮らす。
10	家主の娘	—	—	—	自ら経営，農家楽経営 No.2 の家。
11	5 と同じ経営者	2017	10	4.5	家主一家は同じ建物の2間で暮らす。
12	北京市内の人	2016	10	1.5	賃貸したのは2階だけ。家主は1階で売店を経営。
13	陝西からの出稼者	2016	5	3	家主は村内の別邸で暮らし，釣堀を経営。
14	12 と同じ経営者	2017	5	3	家主夫婦は同じ建物の1間で暮らす。
15	5 と同じ経営者	2017	10	4	自ら経営したことはない。家主は村外で暮らす。
16	北京市内の人	2017	5	5	家主は下の娘を幼稚園に通わせるため，町で暮らす。
17	北京市内の人	2017	10	3	家主夫婦は同じ建物の1間で暮らす。
18	河北からの出稼者	2017	5	4	家主夫婦は同じ建物の1間で暮らす。
19	家主の妻	—	—	—	老齢のため，農家楽経営をやめた。
20	家主の妻	—	—	—	老夫婦で暮らしており，農家楽は経営していない。
21	家主の妻	—	—	—	家主の妻が自ら農家楽を経営している。
22	家主の妻	—	—	—	農家楽を経営していない。
23	—	—	—	—	農家楽を経営していない。

第二部　観光開発に向き合う村の自律性

番号	経営者	賃貸開始時期(年)	賃貸年数(年間)	年間の契約金	経営の状況
24	—	—	—	—	農家楽を経営していない。
25	家主の妻	—	—	—	農家楽は経営していないが，農民工を泊まらせることがある。
26	家主の娘	—	—	—	自ら農家楽を経営している。
27	—	—	—	—	共働きのため，農家楽は経営したことがない。
28	家主の娘	—	—	—	自ら農家楽を経営している。住込従業員を1人雇用。
29	河北からの出稼者	不明	不明	不明	家主夫婦は町で暮らす。
30	北京市内の人	不明	不明	不明	家主夫婦は村内で暮らしていない。
31	家主の妻	—	—	—	息子夫婦，娘夫婦で農家楽を経営している。
32	家主の妻	—	—	—	家主の妻と息子夫婦で農家楽を経営している。
33	家主の妻	—	—	—	家主の妻が農家楽を経営している。
34	家主の妻	—	—	—	自ら農家楽を経営している。農家楽No.1の看板を持つ。
35	—	—	—	—	高齢者の1人暮らしで，農家楽経営はしていない。
36	—	—	—	—	高齢者の1人暮らしで，農家楽経営はしていない。
37	—	—	—	—	戸籍が村にあるだけで，農家楽経営はしていない。
38	—	—	—	—	戸籍が村にあるだけで，農家楽経営はしていない。
39	—	—	—	—	戸籍が村にあるだけで，農家楽経営はしていない。
40	—	—	—	—	戸籍が村にあるだけで，農家楽経営はしていない。
41	—	—	—	—	戸籍が村にあるだけで，農家楽経営はしていない。

出典：それぞれの農家楽経営者からの聞き取りに基づき筆者作成

口に位置する官地村の村びとに1泊させてくれと頼みにきた。それに対して村びとも，1人1泊5～10元の安い値段で泊まらせた（2015年8月の聞き取り）。これが村の女性による農家楽経営の始まりであった。

　官地村の農家楽経営の免許に登録している経営者は女性が多い

(表3.1を参照)。女性が農家楽オーナーになった背景には，農家楽を始めた当初，官地村の人びとが来客をもてなす感覚で観光客に接したため，従来の家庭内役割分業に従って，客のもてなしは女性の仕事として認識されたことにある。官地村では，3人家族の家で，夫と息子は外で働き，妻は家で農家楽を1人で経営していることもまれではない。当時，門前に訪れたビジネスチャンスに手を出さなかったのは，妻に持病があるなど，個別の事情を抱える世帯に限られていた。

劉ほか（2007）によると，官地村の農家楽経営が女性の小遣い稼ぎから独自産業へと変化したのは，村行政が村びとの耕作農地の利用権を回収して外部に転売した後のことであったという。官地村では改革開放以前，米と小麦を主食とし，1人当たり約1ムーの農地で自給自足に近い生活をしていた。ところが，1990年代に入ると，村行政は村営の飲料会社の倒産で抱えた負債を返済するために，計3回にわたって村びとから「口種田」（主食の小麦，米を収穫する耕作農地）を取り上げ，村の耕作農地の9割以上（100ムー前後）を外部資本に300万元で貸し出した。村行政のこの思い切った決断で，村の財政危機を乗り越えただけではなく，村びとに1人当たり2万元の配当が実現した。これにより，村びとたちは，村行政の「売地」行為を批判するどころか，農家楽の経営条件を改善するための元金を手に入れられたことを喜んだのである（劉・羅・李 2007: 207-215）。

官地村の農家楽を新たな発展に押し上げたもう1つの外部条件としては，北京市政府主導による旧村改造である。農家女性の創意工夫で始まった官地村の農家楽経営は，2004年には全戸数56戸のうちの45戸にのぼっていた。このことによって，官地村は観光産業で活性化した山村として北京市政府・鎮政府から注目され，旧村改造の対象に選ばれたのである（劉・羅・李 2007: 74）。

この旧村改造にあたって，官地村行政は，北京にある清華大学に設計を依頼した。その結果，リフォーム後は，どの農家楽も基本的に2階建ての同じ間取りの建物となり，1階には村びと自身の寝室や居間があり，2階は2〜5の客室から構成されている。客室内にはそれぞれトイレ・シャワーが設置され，都会の観光客のニーズに合うようになっている（劉・羅・李 2007: 260-265）。

村行政主導によるこのような村落改造は，意図せざる結果として，外から参入する経営者の増加につながった。同じ官地村を調査した高田晋史（2013）は，農家楽経営と上位行政の進めた農村都市化政策によって，官地村に以下の4つの変化が生じたと指摘している。①若者の域外流出による過疎高齢化の進展，②世代規模の縮小と高齢者世代の増加，③若年層を中心とした都市戸籍取得による農業離れの加速，④農家楽経営を目的とした域外住民の増加（高田ほか 2013: 340）。高田の表現を借りれば，官地村の村落改造後に増えたのは，借家型農家楽であった。

借家型農家楽とは，村びとから農家楽の経営権を借りた外部の者が，官地村内で農家楽を経営する形態のことである。村で一早く外部経営者に経営権を貸し渡したのは，表3.1の1番である。2007年のことであった。

2017年8月現在，官地村の住民で官地村に戸籍をもち，自ら農家楽経営に乗り出している家はわずか8戸である。残りの30戸ほどは，借家型農家楽である（表3.1を参照）。当然のことながら，外部経営者は賃貸料金以上の利益を生み出す必要があるため，金策に走りがちになる。それに歯止めをかけたのは，村行政ではなく，鎮政府など上位行政による指導であった。

一例を見ておこう。2014年11月に官地村の位置する懐柔区でAPECの会合が開催された際に，官地村は貴賓の宿泊地に予定された。そこで上位行政からは，ベッドに敷くシーツの統一や，客室

第 3 章　農家楽山村の議事にみる公の生成

の値段，注文メニューの統一（品目・値段）までもが指示されたのである（写真3.2）。

APEC 開催に備えるための行政指導には，旧村改造の時とは異なる側面もあった。2014 年の夏に，上位行政は重点的に官地村で農家経営の優れている 2 軒を選出し，高級農家楽に改築する資金を 100 万元ずつ補助した。選出された中には，官地村で農家楽 No.1 の看板をもつ単燕（仮名）のように，経営才覚に優れた女性も含まれていた。

写真 3.2　官地村のメニュー

同じ官地村を調査した南裕子によると，S（単燕）は農家楽の「専業合作社」（民宿経営農家の組合組織）を作るなど，活発な社会活動をしたにもかかわらず，その後の村の党支部委員選挙で「血縁関係による組織票にやられ」，落選した。南はこのことを「村内には，村民が『家族関係』と呼ぶ男系の血縁親族関係でのパワーバランスが働いている」と分析した（南 2017: 73-4）。では，宗族（南のいう男系の血縁親族関係）は，具体的にどのように官地村の政治勢力を左右しているのだろうか。

3-3　宗族と村落の選挙

上記で述べたように，今日の官地村には，宗族を組織づける共有地や祭礼の場所は存在していない。そうしたなか，現在の宗族は村びとの日々の生活実践，とりわけ正月などの節目において結束を強めてきたという。

たとえば，官地村には，村びと同士で「年始回り」をする習慣がある。「年始回り」とは，旧正月元旦以後の親戚回り（妻の実家など）が終わってからの行事である。具体的には，1 年間お世話になった

103

村びとを家に招き，宴会を開くことである。農家楽経営に成功した単燕によると，官地村で農家楽経営に切り替えてから，「年始回り」はむしろ以前よりもっと盛大に行うようになったという。かつては村の男性だけが「年始回り」に呼ばれており，宴会は男性中心だった。しかし2009年からは，子供を含む家族全員を自分の家に呼び，宴会を催すようになったという。年始回りの「回り」の意味は，順番に宴会をすることである。同じメンバーが順番に異なる家でご馳走になるこの宴会形式を通じて，官地村の人間関係がさらに強化されていったのである。

また，村の宗族結合には，輩が一役買っている。輩とは，同じ先祖から何代目に当たるのかという，その世代の順序のことである。村での人間関係秩序のなかで自分がどのような位置にあるかについては，輩をみれば一目瞭然となる。村における年始回りは，下の輩にいる村びとが上の輩に敬意を現す機会でもある。村びとのだれもが，村の九，仲，金，玉（明）の順番に自分がどこに位置するのかを熟知しており，この位置関係は，年始回りのほかにも，ふだんの挨拶や冠婚葬祭などでも常に確認し合うのである。後から入村した王，薛，褚の姓の人たちも，この輩の秩序を取り入れて，毛姓の子孫に準ずる形で村びとと付き合いをしている。

このように強化された宗族意識は，村の選挙にもあらわれた。村の党書記選挙と村長選挙でその詳細を以下に確認していくが，その前に官地村の行政組織について触れておきたい。官地村の行政組織は共産党の支部（党支部）と村民委員会からなっている。村の党支部は，党書記，副書記，支部委員それぞれ1名からなっており，その選挙に参加できるのは村の共産党員だけである。官地村の共産党員は2017年時点で26名である（図3.1の薄い色で名前が表記されている人物が共産党員である）。他方，村民委員会には，村民委員会主任（村主任）のほか，委員が2人いる。村民委員会の選挙は18歳以上

で選挙権をもち，かつ村に戸籍をもつ村びと全員が参加できる。村民委員会の下に調解，治安と保全，民政などの専門委員会があるが，これらの専門委員会の主任は村長が兼任することになっている。そのほかに，官地村には経済連合社があり，その社長は党書記が兼任している。またその社員は党副書記と村民委員会委員が兼任している。つまりは，村に党支部，村民委員会，経済連合社の3つの異なる組織があるものの，兼任が多いため，実際のメンバーは5人だけなのである。また，官地村の権力の中心にいるのは，党書記と村長の2人である（劉・羅・李 2007: 234）。

　村の党書記選挙や村長選挙と宗族結合との関連を，図3.1で確認すると，次のことがわかる。すなわちS（単燕）は，経営感覚が優れていることから北京市の優秀共産党員などの称号を得ているものの，村の党支部委員の選挙では勝てなかった。というのは，彼女の房は小規模であり，具体的な構成員としては，彼女の夫と二番目の兄夫婦と独身の長兄だけである。彼女の房で共産党員であるのは，彼女と夫の2名と，夫の二番目の兄の3人だけである。対して，党書記の毛金一（仮名）は，身近な親族の中だけに限ってみても，共産党員が5人いる。このように，S（単燕）が落選した背景には，官地村の宗族結合における親疎原理の影響が推測できる。

　また，この宗族結合の親疎原理は，官地村の村長選挙でも確認できる。村長の毛明銀（仮名）は，村びとによると，監獄に入れられたことがあり，「社会勢力」（マフィア）につながりのある人物とされている。このような背景をもった人物が村長の座に就いたのは，村民委員会の選挙制度を悪用して，「拉票」（選挙前に，村びとをレストランで饗応するなど）しているからであると言われている。毛明銀は村長になると，村民委員会の弁公室では仕事をせず，むしろ，村の溜め池の経営権を「タダ」で入手し，観光客に魚釣りをさせる営業活動を行うなど，自己利益への誘導に専念しているという。村び

とは，これらの村長の悪行を列挙しながら，彼が村長に適した人材ではないことを筆者に力説し，宗族結合の村長選挙への悪影響を強調した。

確かに，図3.1を参照するとわかるように，村長の毛明銀は村でもっとも大きい房の一員である（真ん中の線で囲まれたユニット）。その房で選挙権を持つ者は32人おり，総選挙者数（124人）の約25%を占めている。これが大きな選挙基盤となっているのである。

しかしながら，村長の毛明銀と同じ房に属する毛仲水（仮名）は，自己利益しか考えない毛明銀を絶対に党書記にさせないと，初対面の筆者に向かって語っていた。図3.1の系譜図を見ればわかるように，村長は毛仲水の叔父の曾孫にあたる人物で，2人は近い親族関係にある。毛仲水によると，党書記の座を狙う毛明銀は共産党員になるための入党申請書を6回も提出したものの，自分たち共産党員一同はそのいずれも阻止してきたという。毛明銀の日々の振る舞いを見て，共産党員として適する人物ではないと，村の共産党員一同が判断を下しているというのである。このことは同じく村の共産党員である毛九康（仮名）からも確認できた。毛明銀は村の溜め池をタダで占有し，その利益を我が物にしている。そこからもわかるように，毛明銀は「兎子不吃窩辺草」（身近のところで悪さをしない）のルールすら知らない品位の低い人間なのであると，毛九康は語った。

このように村内の人物評価は，共産党員や村長に限らず，筆者のような外部者に公開されるのである。次節で見るように，親子間の関係についても，外部の第三者に公開されうるのである。

3-4 親子間における人物評価

官地村には，村の広場で1日のほとんどを過ごしているお年寄りがいる。その中の1人である孟燕は（仮名），1日3回の食事と寝

る時間以外は，村の広場で過ごしている。孟燕は自分の扶養でもめている子どもたちの様子を広場に訪れた筆者に語り，自分の境遇に対して同情を求めた。

写真 3.3　広場で一日を過ごす村の高齢者

孟燕は 80 代である。6 年前に夫と死別し，毎年 4 月から 9 月の間は，村で一人暮らしをしている。リウマチの持病があるため，10 月から 3 月までの寒い間は，北京と懐柔区でマンションを購入した息子や娘夫婦のところで過ごしている。孟燕には息子が 5 人，娘が 1 人いるが，2 番目，3 番目の息子は若くして亡くなってしまった。一番上の息子一家は官地村で暮らしているが，孟燕のところに顔を出さない。孟燕は寂しいため，昼間は広場で過ごしている。

孟燕にとって，広場は寂しさを補う以上の場所である。冬季間に息子夫婦のところで暮らしている間も，官地村に帰れる日を指折り数えて待っている。その様子をみて，孟燕を一日も早く老人ホームに入れたい息子は決まってこう言う。「村の誰に会いたいの？　村にはあなたの世話をする人は 1 人もいないのに。自分で身の回りの世話ができる今というタイミングで，老人ホームに入ろう。今入ったほうが安い。あなたが身の回りの世話を 1 人でできなくなってから入ると，私たちの負担が高くなるだけ」。

老人ホームの入居を迫られた孟燕は，自分が産んだどの子も「己のことしか考えない」と嘆く。ただ，「村の広場にいると，自分が生きている気がするの」という。実際に，広場には孟燕が座る位置が定まっており，決まった話し相手と村の今昔を語っていることが多い（写真 3.3）。

孟燕は，自分と同じ年頃の女性である単霞（仮名）のことを羨ましがってもいる。単霞は6人の息子と1人の娘に恵まれ，現在，末子夫婦と同じ庭で暮らしている。2016年夏に夫と死別した際に，子どもたちが話し合った結果，毎月2,500元を出し合い，単霞のために泊まり込みの介護者を雇うようになった。広場暮らしの孟燕にしてみれば単霞のような老後が理想であり，単霞の子どもたちの親孝行こそ，自分の子どもたちは見習うべきだと考えている。しかし，「己のことしか考えない」子どもをしつけたのも自分であり，孟燕は自分が子育てに失敗したと筆者に向かって嘆いていた。

　2017年8月に調査した際には，孟燕は広場にいなかった。村びとに確認したところ，孟燕は息子たちに老人ホームに入れられてしまったということだった。孟燕とのかかわりを振り返ってみると，彼女は息子たちの人物評価（親孝行であるかどうか）だけでなく，自分自身についての評価にまで踏み込んで，初対面の筆者に情報を提供してくれたのであった。

　このようなプライバシーに触れかねない情報が気軽に公開される別の例として，農家楽経営権の賃貸料金についてのやりとりがある。そこでも，賃貸する人物評価が料金の大小と同時に議論されている。

3-5　農家楽経営権の賃貸料金をめぐる情報の共有

　筆者は官地村の広場と個別農家へ足しげく通ううちに，次のことに気づいた。すなわち，官地村の人びとは農家楽の経営権を外部に賃貸する際の料金の相場を，村びと相互に情報を共有することを通じて形成していることである。

　表3.1は，筆者の聞き取り調査をもとにまとめた村びとの農家楽経営権の賃貸料金表の詳細である。この表は，貸出しの年代順にしたがって作成してあるため，ここから次のことを読み取ることができる。すなわち，官地村の人びとは互いに他者の賃貸料金を把握し

ており，それを参照しながら，自分の賃貸条件をよりよくしようとしているということである。最初に経営権を外部に貸し出した1番は，2007年に年間2万元で15年の契約を結んだ。現在では村びとの誰もが，安い長期契約の例としてこのケースを挙げている。その後の契約では，長くても10年，もっとも多いのは5年という契約期間で落ち着くようになってきている。また，契約料も村びとの各々の家屋の面積が異なるため，単純に比較できないものの，年間3万元を下回るケースはないといえる。

以上のような既存の契約内容の情報だけでなく，現在交渉中のものや，過去に失敗した契約の情報についても，同じように広場で情報交換が行われている。たとえば，表3.1の5番のように，全国のホテルチェーンを経営しながら，官地村の農家楽経営にも参入する外部資本がある。このホテルチェーン店の社長は，2016年に上官地村の入口に位置する古い家屋を借りて，庭付き一棟の高級農家楽として，都会の高所得者向けに新しいビジネスを開始した。その後，このホテルチェーンの社長は，村の古い家屋を高く借りる情報を触れ回り，表3.1の15番にも声をかけ，交渉に臨んだ。広場に集まっている村びとによると，ホテルチェーンの社長が15番の人物に出した条件は次のとおりである。すなわち，賃貸料金は年間3万元で，両側の西向き，東向きの廂房は壊して再建する。再建後の両側の廂房の処分権のうち50％は分配してもらう。もし将来，北京市政府から官地村を移転させるような大きな開発プロジェクトを持ちかけられた場合は，両側の廂房の賠償金の半分をもらうことにする。

こうした条件に対して，広場に集まった村びとの話によると，年間契約料3万元はやや安く感じるが，それは大した問題ではない。本当の問題は，ホテルチェーンの社長が両側の廂房に対する権利をもとうとすることである。私たちが賃貸するのは家屋の使用権であ

り，処分権ではない。そのような条件は断じて受け入れるべきではないと村びとは言っていた。

そのほか，広場でよく話題になるのは，外部賃貸者と交渉する際のノウハウについてである。ある村びとは，外部経営者に賃貸料金の振り込みを毎年1月1日に伝えているという。仮に1日でも入金の遅れが生じたら，すぐに解約するつもりでいると広場で述べていた。別の村びとは，自分が解約に直面する際の対応の詳細について話していた。彼女は，外部賃貸者と契約期間5年で，賃貸料金先払いの条件で契約を締結したものの，契約の4年目に，賃貸者から病気のため経営できないと相談された。村びとは，契約書に細かい条件が書かれていなかったため，残った1年分の賃貸料金を返却するか否かで迷いがあったという。しかし，外部経営者も返金してもらうために，入院着のまま官地村に来て，交渉にあたろうとした。これを見て，農家楽の経営権を賃貸した村びとは，残った1年分の契約金額にあたる3万元を全額外部経営者に渡して，引き取ってもらったという。

外部賃貸者への貸出しにあたって「受け身」な対応になってしまったという「失敗」談も，広場で情報共有されていく。表3.1の11番の例がそれに該当する。ホテルチェーンの社長に東側の10間の家を貸し出したため，家主一家（老夫婦と若夫婦と孫）は同じ庭の西側に位置する5間で暮らすようになっているという。その後，外部経営者は庭に壁を作ってしまったため，家主一家は東側の庭と東側にあった家の正門を利用できなくなってしまった。その結果，家主一家は今まで通りに庭に出入りすることができなくなり，しかも，西側には村の大通りに出る道がないため，家の後ろにある30cm幅の小道から出入りせざるを得なくなった。このような「受身的な貸出し」をした若夫婦に対して，その父親は「バカ夫婦」と嘆き，村びとはその反省の弁に耳を傾けていたのである。

4. オープンな「公」の生成原理

　なぜ村びとは,農家楽経営の核心情報のような「プライバシー」を情報交換の対象とし,かつ筆者のような外部からの来訪者にもそれを提供してよいと考えているのだろうか。言い換えれば,このようなプライバシーを「公」にしていくときの論理とはいったいどのようなものなのであろうか。

　上に挙げた3つの事例に共通しているのは,人物評価をする際の評価基準である。それは「人としてどうか」といった人物評価基準である。自分の孫にあたる村長に対して行う人物評価や,親がわが子に下した人物評価も,さらには農家楽経営の賃貸料金をめぐる情報交換に際して行う人物評価でも,「人としてどうか」といった人物評価基準が貫かれていた。

　具体的な例から見てみよう。年間5万元の料金で東北の出稼ぎ者に農家楽経営権を貸した表3.1の3番の家主は,2017年春にホテルチェーンの社長から年間8万元で借りたいと声をかけられたが,その場で断ったと,広場で村びとに話した。3番の家主によると,自分は東北の出稼ぎ者と15年契約を結んだため,「生意不成情意在」(ビジネス上の関係がうまくいかなくても,お互いの人としての付き合いが残る),それを無視してホテルチェーンの社長に貸すのは,「人としてどうか」というのである。

　上記の例は,広場での「人としてどうか」をめぐる情報交換であるが,このような情報交換は,家の中でも頻繁に行われる。たとえば,毛金三(仮名)夫婦は年齢の関係で農家楽経営をやめて,経営権を北京市内の人物に賃貸した。この外来経営者夫婦は週末だけ農家楽を経営していたが,料理づくりに自信がない。そのため,来客を招待する料理は毛金三の妻の于菊(仮名)か,隣に住む楊霞(仮

名) に頼むようにしている。于菊は頻繁に楊霞の家を訪れ、外部経営者夫婦がよく自分たちの台所の醤油などを無断使用する「悪しき行為」について話し、外部経営者の「人としてどうか」についての評価をしていた。他方で、隣接する温梅（仮名）のところの外部経営者が、卵を5つ借りたら必ず6個返すなどの「礼儀正しい行為」についても確認された。こうして日常の付き合いの機微についても情報共有が図られているのである。

以上のように官地村の村びとは、村の広場だけでなく、各自の家の中においても、互いの生活の細部に至るまで情報を交換・共有するのであった。また、これらの情報を筆者のような来訪者にもオープンにしているのは、彼らが「人としてどうか」といった抽象度の高い点で情報を吟味しているからなのである。逆にいうと、彼らが一般的に「プライベート」「プライバシー」と認知されるものを情報交換の種にするのは、具体的な人物の人格を「議事」することによって、具体的な生身の人間を相手にする場合の感触を得ようとしているからなのである。

5. おわりに

本章では、北京市郊外の農家楽がさかんな官地村を取り上げ、なぜ村びとが一般的には「プライバシー」に当たるような事柄を村の広場で「公論」し、筆者のような外部者にも情報共有が可能であるのか、その論理を考察してきた。

考察の結果明らかになったのは、村びとがあえて「プライバシー」に当たるような内心の情報を他者と共有しようとするのは、具体的な目の前の人物の行為を「人としてどうか」といった抽象度の高いレベルで吟味しようとするためであった。それを実現するための仕組みとして、村の広場での「公論」があったのである。

第3章　農家楽山村の議事にみる公の生成

　この「人としてどうか」をめぐる議事は，叔父の曾孫にあたる村長に対する酷評や，自分の親不孝の息子を嘆く高齢女性が筆者に投げかけた言葉，あるいは農家楽経営権の賃貸者に対する評価などのように，常に村で暮らす生身の人間に向けられていた。また，この情報交換の基準は「人としてどうか」といった高い抽象度の問いであるために，同じ生身の人として外部から訪れる筆者にも，「公」に参与できると判断されていたのであった。

　本章の冒頭で述べたように，従来の研究では，官地村のような村落においては，宗族が村の結合原理であると説明されてきた。確かに，官地村は宗族の結合力が強い単姓村であり，農家楽経営で優れた能力を発揮した人物であっても，党支部委員選挙に勝つことができなかったように，宗族を束ねる親疎の血縁秩序が依然として強いことは，本稿で確認してきた通りである。宗族の系譜図が保存されていなくても，筆者の聞き取りで簡単に系譜図が作成できたように，宗族結合は依然として村びとの生活を秩序づける１つの原理であることは間違いない。

　しかし，本章で見てきたようなプライバシーを公にする情報共有の仕方は，宗族を束ねる血縁秩序では説明できないものである。また「礼治」の存在を指摘した先行研究があるものの，そこでは「礼治」の根拠が一人ひとりの身体にある「良心」に置かれており，村落内の「公」の原理として共有される仕組みについては不問に付されたままであった。

　それに対して本稿では，中国の村落では「人としてどうか」といった抽象度の高い議事が，常に具体的な人物の具体的な行為を通して場所を選ばず日常的に行われている様子を示した。この「人としてどうか」の具体的な吟味が，村びとの間で日常的に行われているからこそ，宗族村落であっても，血縁の親疎に基づく宗族秩序とは異なる「公」が絶えず生成されているのであった。その宗族秩序

に従属しない「公」の秩序のあらわれとして，官地村独自の農家楽経営権の賃貸相場の生成や，現村長を村のトップ（党書記）にさせないという党員たちの意思統一があった。これは人びとの生活の機微に降りてはじめて考察できることである。

注
1 　農家楽とは，日本では一般的に中国のグリーン・ツーリズムと訳され，農家が農村に訪れる観光客を宿泊させ，食事を提供するという農村観光の一形態である。農家楽については，南（2015）が詳しい。
2 　村びとの名前はすべて仮名である。

参考文献
【日本語】
栗原伸治（2000）「村の住空間」深尾葉子・井口淳子・栗原伸治著『黄土高原の村——音・空間・社会』古今書院, 55-88.
南裕子（2015）「中国におけるグリーン・ツーリズムの展開と村民自治組織——村民自治制度，農村土地所有制度との関連から」一橋大学教育開発センター『人文・自然研究』9: 165-189.
南裕子（2017）「現代中国における農村女性の個人化とジェンダー問題」井川ちとせ・中山徹編著『個人的なことと政治的なこと——ジェンダーとアイデンティティの力学』彩流社, 63-84.
高田晋史・宮崎猛・王橋（2013）「都市化地域における農家楽の経営類型と農民専業合作社の役割——中国北京市懐柔区官地村を事例にして」『農林業問題研究』49(2): 336-341.

【中国語】
费孝通（1947）『郷土中国』観察社（＝ 2001, 鶴間和幸・市来弘志・上田信・王瑞来・川上哲正・武内房司訳『郷土中国（調査研究報告 49）』学習院大学東洋文化研究所）.
黄宗智（2000）《華北的小農経済与社会変遷》中華書局.
劉伯英・羅徳胤・李匡（2007）『長城脚下 官地人家——北京懐柔官地村新農村

規画建設的実施与思考』清華大学出版社.
王銘銘（2004）《渓村家族――社区史，儀式与地方政治》貴州人民出版社.
張静（2005）〈私人与公共――両種関係的混合変形〉《華中師範大学学報（人文社会科学版）》2005 年第 3 期：43-52.
張銀鋒（2013）《村庄権威与集体制度的延続――"明星村"個案研究》社会科学文献出版社.

【英語】
Smith, Arthur H., 1899, *Village Life in China*, New York: Fleming Revelle.
（＝ 1941, 塩谷安夫・仙波泰雄訳『支那の村落生活』生活社.）

付記：本章は，科学研究費補助金・基盤研究 C（一般）（2015 年～ 2017 年度・課題番号　15K01867）「中国農村地域の自律性に関する政治社会学的研究――グリーン・ツーリズム実施地域から（研究代表者：南裕子）」の研究成果の一部である。

第4章 中国農村における地域社会の開放性と自律性──北京市郊外一山村の観光地化を事例として

南 裕子

1. はじめに

　改革開放以降の中国農村社会の特徴の1つとして村の開放性の高まりを指摘することができる。開放性とは，ここでは，人，モノ，資本が村の境界を越えて流動することを意味し，流出と流入の2つの方向を見ることができる。流出の典型的なものは，周知のように，出稼ぎ，さらには戸籍の移転を伴う離村がある。一方，流入では，経済発展した農村地域へ農業労働者や工場・企業の労働者として，また，都市周辺部の農村に貸部屋を求めてやって来る人びともいる。そして，モノ，資本の面では，新農村建設における政府事業資金の投入が見られ，さらに農業や観光等の領域で農村に投資，開発を行う企業や個人も出現している。

　流入による地域の開放性の高まりについて見てみよう。これは，地域が開かれることで，地域にかかわる新たな利害関係者が出現し，利害関係主体の多元化を意味することにもなる。この時に，地元地域社会が，利害関係主体として，他の主体といかなる関係を形成し，自らの経済的，社会的利益を主張し，守ることができるのか。これは，今日多くの農村地域の抱える課題の1つとなるであろう。本章では，これを村の主体性，自律性の問題としてとらえ，北京市近

郊の一山村の事例から検討を行う[1]。

事例地域では，都市民が余暇を過ごす場として地域が開かれたという特徴を持つ。それにより，村の土地利用のあり方も大きく変わり，村外からのツーリズム経営者やこの村にセカンドハウスを持つ人たちが現れた。このほかに地方政府からの事業資金の投入も見られた。だがその際に，この村は，村の主導による組織化されたかたちでの観光地化のプロセスはたどっていない。一見すると，村の凝集性は弱く，利害関係主体としての交渉力を持ち得るのかどうかも疑問になる。こうした特徴をもつ地域において，村外からの人，モノ，資本の流入に対応して，地域社会の利益を守ったり，または増進したりすることがどのようにして可能となるのかについて，分析と考察を行いたい[2]。

2. 村の開放性と自主性，自律性をめぐる議論

2-1 村落社会論

まずは，観光業を行う地域に限定せずに，人，モノ，資本の流入が起きている村落についての議論を見てみよう。

折曉葉と陳嬰嬰の「超級村落（スーパービレッジ）」論，佐々木衞による現代中国の村落社会の基層構造の議論は，中国の村が開かれつつ閉じているところに発展のダイナミズムがあることを示している[3]。村が全く閉鎖的な状態に置かれていてはその発展は難しく，村の経済発展のために必要な人や財は村外から呼び込んでいるのである。しかし，「村籍」の有無（＝戸籍所在地がその村であるかどうか）により，空間上は同じ村の領域内にあっても，村の集団財産からの恩恵を得られるメンバーであるかどうかは明確に分かたれる。それは，佐々木の表現では，「本村人間の均分主義，よそ者に対する格

差」(佐々木 2012: 37) の構造と言うことになる[4]。

　上記は，1980年代，90年代の農村工業化を時代背景とする議論であった。その後，2000年代に入ると，国家財政による農業，農村振興の名目での補助金事業（中国語で「項目」という）が増えた。事業資金とそれを管理する地方政府，さらには事業に関連した企業も村に入るという新しい状況が生じている。こうした状況が，村のガバナンスにどのようなインパクトを持つのかについて，村の共同性や秩序形成のあり方と関連させた政治社会学的な分析や議論がなされている。以下では，対照的な2つの議論を紹介しよう。

　1つは，補助金事業制度（「項目制」）が村の自治を解消させてしまうことを指摘するものである。たとえば李祖佩によれば，「項目制」により，地方の党や政府の村コミュニティへ過度な介入や，「項目」によって村に提供される公共資源が村内エリートたちに独占されてしまうために，自治の解消が生じるという（李 2012）。村の公共資源の独占については，そもそもの要因は，村のエリートの行為に対し村民からの規制，牽制が利かないためであり，これは「税費改革」の影響であるという。「税費改革」後，村民と村（および村幹部）の間の利害関係が希薄化し，また，国の農村ガバナンスの手法も転換した。それは，村組織を介在させるこれまでの手法から，現代的国家建設として，法律と制度の精緻な配置により個人を直接対象にし，その権利を保障する方向への転換であった。しかし，これは，農村社会のもつ不規則性により，実際には効果的に達成されなかった[5]。その一方で，現代化に伴い，宗族等のいわゆる「熟人社会」における権威や規範による内生的な秩序や規則の有効性も消失してしまっていた。こうした状況については，李は「村の権力の真空」状態が形成されていたと述べている（李 2012: 85）。幹部と村民の双方が，村にかかわる主体，あるいは地域秩序を形成する主体としての動機，権力を持たない状況が形成されており，その状態で

外部から利益獲得の機会がもたらされた時に、それは結局、村の自治を解体させる方向に作用することになってしまったことが明らかにされた。

一方、陸文栄と蘆漢龍は、「項目制」により、地方政府や市場からの資本が村に入る際に、「村の自主性」が発揮されることを事例から明らかにした（陸・蘆 2013）。「村の自主性」とは、ここでは、村があらゆる可能な条件を利用し、合理的に自己の利益を拡張する能力のことを意味している（陸・蘆 2013: 5）。そして、「村の自主性」が発揮されている地域では、村民個人の意思を村としての意思に統合し、また、村幹部の意思を村民に伝えるといったメカニズムが地域に内在し有効に機能している。それによって、「村の自主性」に必要な農民の共同性が維持、再生され、さらに村民の村組織への監督もなされるという。

以上から、村の主体性、自律性の問題を考えるにあたり、地域における内と外の線引きとその適用対象、また、その中のメンバーが地域の意思決定や秩序形成にいかにかかわることができるのかが論点となることがわかる。

2-2 観光開発と地域社会

観光研究の分野では、1980年代末以降、持続可能な観光開発が大きな論点となり、「内発的観光開発」、「コミュニティ・アプローチ」（「community approach」）、「コミュニティ参加」（「community participation」）、「地域に根差した観光」（community-based tourism）といった観光へのアプローチが提起された[6]。

そして、これらのアプローチにおいては、地域の自律性や主体性が、鍵概念の1つになっている。例えば、「内発的観光開発」は、観光開発において、外部の情報や人材や資金の導入を図ることもありうるが、あくまでも地域社会の側の自律的意思にもとづいて、自

然環境や文化遺産の持続可能な活用を図るとされ,「自律性」が最も重要な要件になっている(石森 2001: 11)。また,マーフィーの「コミュニティ・アプローチ」ないしは「コミュニティ志向の観光マネジメント戦略」(Murphy 1985=1996: 65)は,観光産業は,「商品として売る地域社会に対し責任ある産業として,今後のプランニングや開発は行われるべき」(Murphy 1985=1996: 276)とし,そのために「観光産業を地域のエコロジカルな体系の中で発展させるべき」(Murphy 1985=1996: 277)ことを主張している。そうすることで,地域社会の意思決定に基づきながら,地域の物理的,社会的(マーフィーの言葉では「人間的」)な受入能力に見合った形で,地域社会が観光開発をコントロールできるという。

こうした考え方は中国の農村ツーリズム研究でも受容されている。例えば,「コミュニティ参加のツーリズム発展」(「社区参与旅游発展」)では,ツーリズムの発展過程(意思決定,開発,計画,監督等)において,コミュニティの意見やニーズを充分に考慮し,コミュニティを開発の主体と参加の主体とし,それによってツーリズムの持続可能な発展とコミュニティの発展を保証することが目指されている(保・孫 2006: 401)。

しかしながら,上述の諸議論は,「べき」論,理想論のきらいがあり,現実にはさまざまな課題を抱えている[7]。もう少し現実に即した議論としては,中国の農村ツーリズムの発展とコミュニティ参加についての Huang と Chen のものがある。彼らは,支配的な利害関係者とコミュニティの成員の参加の程度を類型化の基準にして,次のような4つのパターンを示している(Huang&Chen 2016: 60)。(1) 政府が支配的なツーリズム発展の中での限定的な参加[8] (limited participation in government-dominated development), (2) 企業が支配的な中での限定的な参加 (limited participation in enterprise-dominated development), (3) コミュニティが支配的な中での限定的な参加

(limited participation in community-dominated development), (4) コミュニティが支配的な中での全面的参加（full participation in community-dominated development）。そして、中国農村ツーリズムの全体的な傾向として、地域住民やコミュニティは利益を享受できていても、計画の策定、執行に関する意思決定への参加は不足していることを指摘している。

　これらのうち、(3)、(4) のコミュニティ主導のパターンにおいては、本章が問題とする地域の自律性の保持が可能になっているとみることができる。そしてこれらの地域には共通の特徴がある。それは、村民委員会、村民委員会から派生する農村ツーリズム組織や会社など、村全体を代表する組織がツーリズム運営の主体となっていることである。一方、両者の違いは、地域内の民主の度合いと言える。(3) では意思決定を一部の村落エリートがもっぱら握っており、このため「限定的な参加」となる。なお、(3) と (4) に分化する要因については明らかにされていない。

2-3　本章の課題

　本章が事例とする地域は、上記 (3)、(4) のような村で立ち上げたツーリズム組織が存在して、それがさまざまな地域資源を管理しながら農村ツーリズムの展開を主導する、というものではない。だが、観光地としての自律性、ツーリズムの持続可能性の問題がこれまで顕在化してこなかった地域であり、上述の4類型にはうまくあてはまらない。そこで本章では、こうした村ぐるみのツーリズム運営組織が存在しない、あるいは機能していない地域について、地域の発展の自律性、自主性のあり方を探ることが目的となる。

　そのための具体的な課題の1つは、地域のツーリズム経営手法等の村の開き方そのものを明らかにすることである。その上で、もう1つの課題は、その背後にある村民と村（村集団）の関係性が、

地域社会の自律性，主体性のあり方にいかなる影響を与えるのかをさぐることである[9]。上記の村落社会論においては，「項目」に対して村の自主性，自治が維持される村では，村民の村や地域リーダーへの主体的なかかわり（参加，監督）が見られた。このことは，「項目制」以外の状況においても必要条件となりうるのであろうか。また，持続可能なツーリズムの議論においても，コミュニティの意思やコミュニティの参加が重視されていた。だが，中国のツーリズム開発の実態からは，上述の4類型の（3），（4）にあるように，コミュニティが自律的であることと，個々の村民が地域のツーリズム経営に対して主体的なかかわりを保持できているのかどうかは別の問題であるかのようにも見える。また，持続可能なツーリズムの議論においては，個人の地域社会への参加と地域社会が1つのまとまりとして地域外の主体とかかわり合うという2つのレベルが，あまり分けられることなく議論されており，議論を精緻化する必要もある。

3. 官地村における地域の開かれ方

3-1 官地村概況

本章が事例とするのは，北京市懐柔区官地村である。北京市の東北部に位置し，市内から約50kmの距離にあり，車では高速を利用して1時間半程度で着くことができる。

山村であり，川沿いに集落が形成されている。川は蛇行しており，橋の北側と南側で，村は上官地と下官地の2つの集落に分かれる。村の総面積は7,230ムー（1ムー≒6.667a），うち山林が5,309ムーを占める。2015年の人口は139人，62戸で，1人当たり純収入は3万863元である[10]。2013年の聴き取りによれば，登録農家民宿

数(「民俗接待戸」)は43戸であった。

　地域の観光資源は,山と清流の景観である。村外であるが,村の北側に「自然風景区(＝自然公園)」(以下,「風景区」とする)が開発されている[11]。この「風景区」に行くには官地村を通ることになる。このほか,村の周辺には明時代に建設された長城の関所が19か所ある。だだし,これは,観光用に参観ルートが整備されたものではなく,「野長城(野生の長城)」と呼ばれるありのままの長城である。2016年には,政府の事業資金で,官地村を含む「風景区」周辺の遊歩道の整備が完了し,山の景観の楽しみ方が増えている。このほかに,地域の特色ある食として,虹鱒と栗料理が有名である。

　調査は,2013年3月,14年8月,15年8月,17年8月に,それぞれ4日～7日間,村幹部,村民へ半構造化インタビューを実施した。また,後述するこの村の改造計画の関係者からもヒアリングを行った。

3-2 官地村農村ツーリズムの形成と混住化

官地村農村ツーリズムの展開過程

　官地村の農村ツーリズムは,村で組織的に運営されているものではなく,個々の農家の自発的な「民俗接待」の経営(宿泊,食事提供)が集積した結果,「京郊第一民俗村」と称されるまでになり,北京市が認定する「民俗旅游村」にも認定されている。

　この村のツーリズムは,1993年に上述の「風景区」が開発され開園したことが,大きな契機になっている。「風景区」への通りすがりの旅行者が,官地村の農家に食事や宿泊を頼むことがおき,農家はそれによって謝金を得るという体験をしたのである。こうして,村民は,食事や宿泊の提供が商売として成立するのではないかと考えるようになった。これが現地では「民俗接待」あるいは「民俗旅游」と呼ばれる農家民宿経営の始まりである。村びとは,どのよう

なサービスを提供し,それにどれほどの値段を付けるのかなど,模索を始めた。そして,1995年には,営業許可証を取得し正式な経営となった。当時の経営農家数は24戸であった（沈・張 2009: 210）。

その後,2004年9月に,北京市の「旧村改造」（農村整備事業）のテスト村となったことが,この地域の大きな転機となった。市内13村のテスト村のうちの1つに選ばれ,同年11月より,清華大学傘下の設計会社が農村整備事業計画を作成した。そして,2005年8月には,公共部分（道路舗装,上下水道,河川,親水公園,村落入口,公共トイレ,ごみ箱設置等）の改造が終了し,次いで,2006年5月には,村民の住宅の改造もおおむね完了し,農家屋敷は民宿としての機能が強化された。この農村整備事業により,農家民宿での全村での接待人数は600人から1,200人に,ベッド数は360床から980床に増加した。家屋建て替えにより,居住条件も良くなったことから,宿泊料も値上げすることができ,客1人あたりの平均消費額も33元から70元となり,「民俗接待」経営農家の年平均収入は6万6,000元となった（劉・羅・李 2007: 106）。

土地利用主体の多様化

一方,この村では,外来の非本村人による村の土地の利用（購入,賃貸）も同時に進行していた。その前提となる官地村の土地利用をめぐる権利関係をまず見ておこう。1982年の人民公社解体後,他地域と同様に,村民は請負地として農地（林地も含む）の使用権を分配された。しかし,請負契約の更新期となった2002年に,村は,あくまで自発的にということではあったが,村民に耕地の請負権の村への返上を促し,それを実現した。こうすることで,村は,集団経済組織としてまとまった面積の土地を運用することができるようになったのである。なお,村民には,請負権返却への見返りとして,25年分の「口糧銭」（主食用穀物代）として2万元を分配してい

る。一方，林地の使用権は，現在も各村民が引き続き保持している。

非本村人による官地村の土地利用は大きく2つのエリアに分かれて展開されてきた。1つは，村民の既存の宅地エリアにおけるもので，もう1つは，それ以外の場所（宅地エリアの外側の山すそや耕地，河原）におけるものである。

まず後者の宅地エリア外では，ツーリズムの開始とほぼ同時期に土地取引が始まっていた[12]。現書記（2003～2017年調査時在任中）から2代前の書記時代（1989～1994年）に，15ムーの耕地を含む27ムーの土地を，当時の国務院直属機構に属する出版社に，手続き的には国家収用により35万元で売却した。この土地はその後，別の投資家に転売されて，現在は会員制のリゾートホテルとなっている。その後，1995～2003年の前書記時代には，会員制の2つの山荘の建設用に合計80ムーの土地が賃貸された。

さらに，現書記になってからも，2006年までに，下官地集落では約45ムー，上官地集落では約13ムーの土地が，村外の人に賃貸された。これらの土地には，別荘，ホテルが建設された[13]。

次に，村民の既存の宅地エリアであるが，ここでは本村人による上述のような「民俗接待」が展開されてきた。だが同時に，この宅地エリア内や隣接する土地の使用権が，村外の個人や企業に賃貸されるようにもなってきた。さらに，その土地の使用権と建物が，また別の非本村人に転貸，転売されることも起きている。なお，このエリアに入った外来者は，週末等に家族や友人で集まる場として別荘的な利用を行う人（市街地の北京市民）もいれば，観光業経営のための人もいる。

さらに，近年は，本村人が，これまで「民俗接待」を行ってきた自らの家屋敷（以下，「農家院」と呼ぶ）を村外の人に賃貸するというケースも増加の一途をたどっている。本村人が自らの「農家院」を賃貸した場合には，賃貸後は「民俗接待」から引退し，村を離れて

区政府所在地等の街で住宅を購入し生活することもある。また,賃貸する際に,自分たちの居住用の部屋は留保して住み続け,山での果樹栽培等の農業を続け,時には借主の「民俗接待」を手伝うというパターンもある。本村人が,農家院を賃貸に出す背景には,「民俗接待」経営農家の高齢化とその子世代の村外就業がある[14]。

こうして非本村人のツーリズム経営者が,村民の既存の宅地エリアにも出現したが,その経営形態は,地元村民と同様な民宿形式の「民俗接待」だけでなく,顧客を親子に絞ったものやリゾート施設的な路線(チェーン系列のホテル,コンドミニアム形式,四合院風建築など)のものもある。そうした宿泊施設では,カードキーによる出入り口の管理やタオルや洗面道具が備え付けられているなどのサービスがなされ,宿泊料金は従来の村民の「民俗接待」よりも高い。

なお,上述の一連の土地売却や土地使用権の賃貸は,村に財政収入をもたらしており,2015年の村の書記からの聴き取りでは,現在は,毎年30万元余りの地代収入があるとのことであった。だがこれ以外に,村に財政収入をもたらすような村の集団経済活動はない。

4. 官地村農村ツーリズムにかかわる主体とその相互関係

本章の問題設定に照らせば,第1に,村民が自ら立ち上げたツーリズム経営や地域の土地利用をめぐって,地方政府や外部の資本,外来者が,村集団および村民といかなる関係にあるかを見る必要がある。第2には,村集団と村民,そして村民間の関係を分析することも求められる。なお以下では,「民俗接待」,ホテル経営のほかに,別荘地としてのこの村の利用も含めて,官地村ツーリズムとする。

4-1 村外の主体との関係

村集団,村民が地方政府,外来資本,外来者とどのような関係にあるかを見てみよう。

まず,地方政府であるが,地方政府は自らが経営したり,資本参加する観光施設を官地村領域内には持たず,また村民から管理費等を徴収したりすることも行っていない。このため,官地村ツーリズムの振興から直接の経済的利益を得ることはなく,経営面で官地村に対して積極的な関与はない。

村民の利益をめぐって,地方政府と村の間で交渉が行われた事例は,筆者が聞き取りをした中では1件あった。それは,上述の「風景区」の入場券売り場の設置場所の問題であった。当初,入場券売り場が村を南に下った場所に設置され,そこを通過しないと官地村に入れないようになっていたのである。このため,「民俗接待」の客(特に常連客)や友人が来村する際に入場料を支払わないで済むように,その都度手続きをしなければならず,村にとってこの設置場所には不都合,不利益があった。そこで,同様に入場券売り場の内側に入ってしまった他の2村と共に,地方政府と交渉し,2001年には,入場券売り場の位置を動かすことに成功した。

一方,地方政府からは,ツーリズムのための環境整備や「民俗接待」への側面的支援,管理もこれまで行われてきている。この村への支援で最大のものは,上述の2004年の北京市の「旧村改造」事業であると言えるだろう。この村が事業実施地域に選定されたこと自体,さらに事業実施過程においても,市以下の各レベルの地方政府の関与,協力が不可欠であった。また,料理や接遇の研修機会も提供してきた。このほかに,2003年のSARS流行時に消毒箱を支給したり,2014年には同年11月に開催されたAPECの会場が官地村の属する鎮であったため,周辺地域の整備もなされた。官地村

第二部　観光開発に向き合う村の自律性

では，道路が整備され，各農家民宿の看板は新たに統一され，道端に設置されていた農家自作の看板等の私物は撤去された。また，「懐柔旅游」の文字の入った白いシーツが配布され（一部自己負担），室内装飾用の額入りの観光宣伝写真も配布された[15]。2016年には，「風景区」につながる川沿いの広域の遊歩道の整備が完了し，この村もその一部となり新たな観光資源となっている。なお，公安や工商部門などの政府の関連部門から，宿泊施設経営者に通知や指導などが行われることもあるが，その場合には，直接経営者とやり取りをするほか，村を通じてなされることもある。

次に，村集団と村民が外来者といかなる関係にあるかを見てみよう。

外来者のうち，別荘的利用のみで一般向けの宿泊経営をしていない場合は，村との関係は，基本的には土地の使用権の賃貸関係のみとなる。宿泊経営を行っている場合は，公安，工商部門などの政府の関連部門からの連絡が，上述のように村を経由することもあり，その場合，放送，通知文書，村の会議への招集などにより，外来経営者に対しても情報が届けられている。

また，村民が外来者に「農家院」を賃貸することが増えてきているが，その際には村の許可や村を通じた手続きは不要である。ただし，村では別荘的利用も含めて村内での土地の賃貸状況を把握しており，常住地が村外の非本村人とも必要な際には連絡がつくようにはなっている。

そして，村民と外来者との関係であるが，前節で紹介した混住化の経緯の違いが反映されたものになっている。

別荘や会員制リゾート施設の所有者と村民との間には，日常的な往来は見られない。一方，血縁関係者や常連客を通じた紹介によりこの村で「民俗接待」を始めたり，「農家院」賃貸後も大家である本村人が屋敷に同居したりする場合には，他の本村人とのつながり

も形成され,日常的な交流や食材の貸し借りなどで関係性が密な場合もある。また,本村人の「農家院」を借りて「民俗接待」を経営する際には,営業許可書は大家となる本村人のものを使用することになる。このため,政府や村と実際の経営者の間に本村人が入ることになる。

外来者の増加について,村内では,気にしないとする村民とやや批判的な村民とが存在する。「農家院」を賃貸することについては,高齢化して経営の負担が重くなった場合の経営維持の方法として肯定的な評価もある[16]。だが,外来者との摩擦も発生しており,そうした出来事は批判的な見方につながる。例えば,プライベートなリゾート施設が,外部から見られないようにするため,公道の橋に並行して特殊なつり橋を架橋した。これによって,橋から川の上流方向を眺めることができなくなってしまっている。また,外来者が周囲への配慮のないイヌの飼い方をしていることへの不満も聞かれ,実際に家禽に被害を受けた村民もいる。こうした問題は,村民とのつながりの希薄な外来者との間に生じている。だが,村のツーリズムの持続可能性に深刻な影響をもたらす問題にまでは至っていない。

4-2 村集団と村民,および村民同士の関係[17]

村集団と村民

繰り返しになるが,この村においては,村集団自らはツーリズム経営を行っておらず,また「民俗接待」経営農家から管理費等の費用も徴収していない。だが,経営農家への支援や管理的な業務を行っていないわけではない。村独自の支援としては,例えば次のようなものがあった。上述の2004年の「旧村改造」の際には,家の建て替えの費用補助を行い,村籍のある各戸に8万元の住宅建て替え補助金を支給した。「民俗接待」の営業許可書の更新,「健康証」(身体検査受診証明),飲食業経営者保険など,「民俗接待」経営

にかかわる諸手続きのとりまとめやその手数料の補助，研修の実施（料理，接客マナー），ガスボンベ購入補助もなされてきた[18]。

村民は，村がこの地域のツーリズムに対してどのような役割を担うことを期待しているだろうか。この地域のツーリズムの現状について，村民からのヒアリングでは，この数年，観光客を新たにひきつけるものがない，駐車場の整備や宣伝活動が必要という問題意識がうかがえた。だが，こうした問題について，村が実際に何かしてくれるという期待は薄い。個々でリピーターを中心とする来訪客を大切にするしかないという考えをもつ経営農家が多い。

そして，村幹部からも，ツーリズムのさらなる振興のための具体的な計画，展望はうかがうことができなかった。村の自前の資金も不足しており，政府の事業が得られないかをあてにしている様子であった。

村民同士の関係

村では，2001年に「民俗旅游接待協会」が設立されており，そのトップは村の党書記である。だが，調査時には活動を展開しておらず，過去の活動実績について尋ねても説明はなされなかった。

村内にはこれとは別に「北京不夜谷官地種養殖専業合作社」が存在する。これも「民俗接待」の同業者の組合であり，村でトップを争う経営実績のある経営者の呼びかけにより，2007年に結成された。彼女は，既存の「民俗旅游接待協会」に対して，地方政府により上から作られた組織であるため主体的な活動が展開できていないこと，そして，団体登録先が工商部門でないために経済的な活動に制約があることに不満をもっていた。そのため，独自に別の組織を立ち上げ，理事長となったのである。設立者は，具体的には，この組織によって宿泊料金やサービス・衛生条件の標準化をまずはかろうとした。そうすることで，廉価，低水準なサービスでの客引き競

争を抑止しようとし、さらに、客の融通を会員間で容易にしようとした。村内民俗接待戸の約50％が加入した[19]。

　では、活動の現状、実態はどのようなものであろうか。まず、客の紹介についてであるが、合作社による制度化された客紹介システムは存在していない。そして、宿泊料金についても、合作社で明文化された統一価格は存在しない。村内には、他の経営者に対し、「あの人は値引きして客をとっている」等の声はあるが、値下げ競争でサービス水準も低下するという負のスパイラルは存在していない。村内の「民俗接待戸」での宿泊料金はほぼ同一であることから、明文化されてはいないものの、宿泊料金の相場感の形成にこの合作社が寄与した可能性は考えられる。

　会員の合作社への評価からは、合作社がメンバーの「民俗接待」経営へ大きな影響力を持つものであるとは言い難い。メリットとして、「入会時にシーツを貰えた」、「満室になった合作社の他の農家から客を紹介してもらったことがある」といった事を挙げる農家がある。だが、「もぎ取り園など当初聞いていたことは実現していない」、「食材の共同購入も長続きしなかった」、「現在の自分の民宿経営において特に役に立つことはない」という冷めた見方もある。

　上述のとおり、村民は、本村のツーリズムは一種の伸び悩みの状態にあり、次の展開が必要であると認識している。だが、合作社によって、組織的に観光地としての新しい魅力を模索、創造する動きは、現在のところ見られない。また、合作社理事長自身は、自身の「農家院」の改築を行い、周囲の村民よりは高価格帯の「民俗接待」経営路線に転換している[20]。

5．官地村ツーリズムに見る地域の開き方と地域の自律性

　官地村では、ツーリズムに向くような環境の良さと大都市近郊の

第二部　観光開発に向き合う村の自律性

立地が，農村ツーリズムさらには都市民の別荘地としての利用をももたらして，地域の開放性が高まっていた。そうした中，村は，外来の資本や人に対して，ツーリズム運営のために地域を組織化してコミュニティ参加を促進することや，そのための村民のエンパワーメントをはかるという方法はとっていなかった。村の集団としての力が弱いこと，即ち村民への組織力と集団経済力（＝財政創出力）が弱いことが，むしろ地域の自律性を守る強さになったという逆説が本事例には見られた。

それは具体的には，次の2点に表れている。第1に，村の土地の使用権や所有権を手放すという，1990年代以降の村落運営である。これについては，村の土地が外部資本に侵食されているとして，村は弱いという見方もできる。だが，外来の勢力との棲み分けをしつつその力を利用しているとも言える。村の土地の使用権，時には所有権までをも手放すことは，自らがコントロール可能な領域の一部を切り離すことになり，村の領域は縮小する。だが，このことにより，残された領域は，次の発展のための契機，原資を得ることができ，自律性を保持する強さを生み出すのである。

そして第2に，村民に対する村の組織力の弱さは，外部の者に対してこの地域をつかみにくくさせる。村集団（村幹部）の村民へのスタンスは，最低限の関与で，あとは村民それぞれの状況対応力，自発性に委ねるというものであった。ここでは，コミュニティではなく個人が主導する農村ツーリズムが展開されている。このため，外から見ると地域の凝集性が低く，凝集の核は把握しにくい。こうした状態は，地方政府，外部の企業にとって，村のツーリズムへの介入の難しさをもたらすと言えるだろう。外部から面的な開発が地域社会に入りにくいのである。

では，本章の第2の論点である，村（集団）と村民の関係性と地域の自律性，自主性のあり方については，どうであろうか。

90年代以降に村が採ってきた上述のような方法，即ち，村の土地使用権や所有権を手放し，村のコントロール可能な領域を縮小させるやり方は，結果的には村民に利益が配分されツーリズムの促進をもたらした。だが，こうした土地運用をテコとする地域発展戦略は，やり方によっては村民と幹部の間で対立，抗争をもたらすことも少なくない[21]。

　筆者らは村民数名（いずれも共産党員であった）から村の意思決定過程について聞き取りを行ったが，村が行う土地取引については，村民の参加する会議で議論され，村民はその取引相手や条件について知っていたという。一方，官地村の旧村改造の設計をし，事業前後に調査を実施した清華大学グループも村のガバナンスについて論じている。だがそれによると，村民代表会，戸主会等の各種の村内民主のための制度は，民意を集めるためのメカニズムとはなっておらず，村の幹部と民衆が心を一つにすることができていないと評価している（劉・羅・李 2007: 250）。その理由として，会議等が存在しても情報の公開が不充分であるという幹部側の問題と，こうした会議への参加の機会を活かしていないという村民側の参加不足の問題が指摘されている。

　清華大学グループのこの指摘は，我々の聴き取りからの印象とは異なるものである。我々の聴き取りの対象が党員や村内役職経験者であったことから，村の権力のコアに近い人びととの間では情報も多く，議論にも参加できたという可能性はある。だが一方，清華大学グループの調査においても，「旧村改造」の際の補助金や土地収入の分配など，利益が自らに直接かかわる問題については，村民は，村民自治が規定する民主制度による会議以外の場ではあるが，要求を主張し，幹部の決定に影響を与えることも起きていることが示されている。また，土地を賃貸している他村の人が契約と異なる土地利用をしたことに対し，村民は村がしかるべき対応をとるよう求め

たこともある（劉・羅・李 2007: 249-250）。村は，村民の要求を必ずしも満足させてはいないが，このように，村の意思決定やその執行において，村民自治制度の内外で，村民の参加，監視の圧力は一定程度作用していると言える。そうした中で，村の領域を縮小するという選択がなされてきたと見ることができるだろう。

その上で，村が縮小によって確保したエリアにおいて，これまでこの村が「京郊民俗旅游第一村」として高い知名度を誇り，持続してきたこと自体についての分析が必要である。つまり，村民に対する村の組織力は弱く，第2節で紹介したHuangとChenの表現を応用すれば，コミュニティと言うよりはむしろ「個が支配的な」農村ツーリズムにおいて，外来者を受け入れつつ，個の集積と調和はいかになされてきたのか。村ぐるみのツーリズム実施地域のような組織や制度によるものとは別の形をとる秩序形成メカニズム（地域の共同生活の規範形成のメカニズム）を検討することが，さらなる論点となるだろう。「縮小による棲み分け」からさらにこの点にまで踏み込んだ議論がなければ，この村の自律性についての分析は不完全なものに終わってしまう。

この問題については，本事例においては以下の3点が指摘できるだろう。

1点目は，恒常的に存在していたのではないが，村のツーリズムにとって転機となる時期にリーダーシップを発揮できる人物が存在したことである。本事例では具体的には次の3つの局面があった。(1) 請負農地の契約更新時に，当時の村の党書記が，村民の請負農地を村が回収するようにしたこと。(2)「旧村改造」を促進するにあたって，この時も当時の村の党書記（2017年現在も書記）が率先して住宅の建て替えを実施し，村民へのモデル効果をもたらしたこと。(3) 地域内でも突出した経営実績を上げてきた農家が，自ら合作社を結成し，民俗旅游経営のあり方について，地域内で一定の

モラルを形成する役割を果たしたこと。

2点目は，縮小した領域内に現れた外来者の多くが，本村人とのつながりを保有していることである。そもそもこの村の「民俗旅游」は，主客双方の認識において，その担い手が本村人であることを必須としていない。遼寧省出身者が，高齢になった本村人の経営者の「農家院」を借りて「民俗旅游」を経営することが起きているが，それが特異なことにはなっていない。ある意味，開放的な性質をもつ「民俗旅游」である。このため，経営者の高齢化や農家経営の志向性の変化による本村人の「民俗接待戸」の減少は，外来者で補うことができる。村全体で見ると，担い手が入れ替わりながらも「民俗旅游村」として持続する可能性をもつことになる。外村人との混住化により，地域住民内でコミュニケーション不足が生じたり，さらには従来の地域の規範意識の共有の難しさが生じて，本村人のエリアの中に外村人の飛び地が形成されたり，コンフリクトがもたらされることは充分にあり得る。実際にそれに近いことは起きてもいる。だが，これまでのところこうした問題が深刻化してこなかったのは，多くの外来者には，本村人がいわば後見人のように存在して，本村人と外来者をつなぐ働きをしていることと関係するように思われる。

3点目は，村民間に一種の相互牽制関係が存在することを指摘したい。このことは，村の幹部選挙が，村民の言うところの「家族」(宗族) 関係による権力争いとなる村内事情から伺うことができる。また，上記の合作社理事長は，一時村幹部を務めたが，現在は村の執行部からは外れている。この経営者は，地方政府，メディアとのつながりなど，地域外でも知名度が非常に高く，村幹部とは別のかたちで村民に与える影響力は大きく，村の現執行部を牽制するような存在ともなり得る[22]。さらに，本書第3章の事例も本章と同じ村であるが，著者の閻美芳が明らかにしているように，「農家院」の

賃貸条件について村民間で私的に議論がなされている。これは積極的な意味での相互牽制あり、値崩れ等により地域全体に不利益を生じさせないためのインフォーマルな地域防衛のメカニズムの存在と見ることができるだろう。

6. おわりに

　本章では、村に人、モノ、資本が流入して地域が開かれたことに対し、地域社会は自らの自律性の保持のために、いかなる対応を自主的に取り得るのかということを問題とした。

　事例村にかかわる外部の利益関係主体のうち、地方政府とは、「風景区」のチケット売り場の設置場所の問題以外では、村は政府からサポートを得る関係を維持していた。村の自律性にとって、対処がより重要となるのは、土地の使用権（所有権）を購入した個人や企業組織との関係であった。地域開発のための原資のないこの村にとって、土地取引は、村の財政収入源として魅力的なものであった。土地使用権の売却や賃貸により、村がコントロールできる領域は縮小したが、外来者とは棲み分けによる相互不干渉で、村は残された村域の自律性を保持し、発展をはかったのである。だが、本事例で見られたような地域振興のための土地取引は、諸刃の剣であると言える。村民に直接かかわる巨額の利益をめぐり、村内での対立、相互不信が生じ、地域社会を解体させてしまうようなリスクがあるからだ。

　地域が開かれ外来の人、モノ、資本が流入するに際して、村がそれに主体的に対応し、自律性を維持できるかどうかにかかわる要因として、先行研究からは、村民の村や村幹部との関係性のあり方が1つの論点であった。上述のリスクは、まさにこの論点とつながる。本事例においては、意思決定過程への村民の参加が充分であったと

は言い切れず，村幹部へ不信感を抱く村民も存在はする。だが，村幹部が村民から乖離して意思決定を行っている状態ではなく，村民から村への働きかけが実効性を発揮することもあり，幹部の行為への一定の牽制力をもっていた。こうした関係性の中で，「縮小による棲み分け」戦略がとられたのである。幹部やその取り巻きだけが受益した結果，地域を内側から崩壊させてしまうようなものではなかった。

そして，保持し続けた土地でのツーリズム経営は，個がドミナントな農村ツーリズムの形となり，経営は基本的に個々の自助努力，経営権の譲渡も個々の判断で可能であった。そうした中で，個の集積と調和による「民俗旅游村」を支える地域秩序形成のメカニズムが存在し，地域の自律性を支えてきた。ただし，地域のツーリズムの次の段階の発展を探しあぐねている現状には，地域で組織的な対応をとっていないことの限界を見ることができるかもしれない。

この村のこれまでの自律性については以上のように分析を行ったが，その背後で，大きな地殻変動とでも呼ぶべき状況がこの地域に発生していることを，最後に述べておきたい。

現在は，農地転用や土地使用権の売買については規制が強まり，これまでのような縮小による発展戦略をさらにとり続けることはできなくなっている[23]。その一方で，村民の居住エリア（「民俗接待」経営エリア）における一層の混住化が進行している。「民俗接待」の経営権をもつ本村人の高齢化やその次世代の村外流出のためである。「民俗接待」によって，この村の多くの人びとは経済状況を改善することができた。現在の経営者の子世代は，より高い学歴を得て，村外で非農業の職に就いており，また，村外にマンションを購入する農家も現れるようになった。こうして，村びと自身も村だけが生活の場ではなくなり，都市と農村を自由に往来できる中間層へと変貌しつつある。

そうなると，中長期的には，この村のあり方は一変することになるだろう。土地の集団所有制であれば，村籍によるウチとソトという従来の論理は残る。だが，流出による本村人の言わば不在地主化が進んだり，村での居住も非恒常的なものとなる可能性がある。その一方で，村外からはさまざまな流入者が現れるが，それらも観光シーズンや気候の良い時期のみの居住であったりするなど，村に根を下ろす存在になるとは限らない。そうなると，党支部や村民委員会の設置される地域単位としての官地村という枠組みは不変であるとしても，この村で生活，経済活動を営む人びとの構成は大きく変わることになる。これまでとは性質の異なる地域社会が形成される可能性があるだろう。本村人と外村人の単なる共存の問題を超えて，地域の秩序，規範形成に根本的な変容をもたらすことになるように思われる。中国の農村の一部ではこうした形で村の再編が進行しつつあると見ることができるのではないだろうか。流出と流入の同時発生のダイナミズムの中での村の変容のとらえ方を探求することが，今後新たな課題となる。

注

1 本章における村は，村民委員会の設置される範囲としている。これは，「村民委員会組織法」により基層の大衆による自治組織の単位とされ，また土地の集団所有の単位にもなる。
2 観光客の流入の影響については今回は議論しない。
3 佐々木も折暁葉の研究を参照しつつ，経済的に優位な条件にある地域の村の特質をもとにして，村落社会の構造を構成する論理を論じている。折・陳は，「超級村落」と呼ばれている村について，大きく以下のような特徴にまとめることができるとしている（折・陳 2000: 58-59）。(1) 郷鎮企業を主体とする非農業による経済構造が形成されていること，(2) 村政や公益事業のために安定的に使用できる村の財政収入があること，(3) 村コミュニティの経済組織が村の境界で閉ざされておらず，現代的な集団企業

の形をとること，(4) 大量の外来労働者の流入により村の人口が倍増していること，(5) コミュニティ内部で，職業と身分（村籍の有無）の多元化を基本的な特徴として，社会階層分化が形成されていること，(6) 村民に都市化による新たな生活様式と文化的価値観が形成されつつあること。

4 「超級村落」について邦訳されている文献に，トニー・サイチらの広東省の沙井村の事例がある。なお，サイチらは，この「超級村落」において，村籍のない人びとを包摂しない村のガバナンスのあり方を問題視している。

5 「不規則性」について具体的な説明はなされていない。文脈からは，国家によるフォーマルな法や制度に対して，基層社会で現実に作用していた状況主義的，個別主義的なインフォーマルな規範の存在を指すものと思われる。

6 こうした研究史の展開については，Telfer and Sharpley 2008 (=2011)，山村 (2006) が詳しい。

7 テルファーとシャープリーは，上記の各種アプローチの課題，限界について，先行研究から論点整理をしている（Telfer and Sharpley 2008=2011 の第2章，第5章）。それによれば，例えば，持続可能な観光における地域社会の主体性は，「参加」という形で表れることにもなるが，政治構造や行政の問題として，法制度の未整備や行政システムの問題といったマクロレベルの問題，そしてツーリズムが展開される地元地域の政治文化のようなミクロレベルの問題が存在する。また，参加を阻害する経済的，技術的問題として，専門的知識や技術の欠如や地域社会の参加にかかるコストの高さ，財源不足などもある。さらに，文化的な限界として，地域住民の能力や理解の欠如，意識水準の低さも指摘されている（Telfer and Sharpley 2008=2011: 175-176）。中国における研究動向およびこれらのアプローチの限界については，南 (2015) を参照されたい。

8 「限定的」とは，参加の範囲（例：参加するコミュニティのメンバーの数），度合い（例：参加のレベル，深さ）のどちらか一方，またはその両方において不充分な状態を意味している。

9 本章では，このように，「村民と村」というとらえ方で村を論じる際には，（実態は一旦保留した上での）自治組織として，そして土地の所有単位である集団経済組織としての村集団（「村集体」）を意味している。

10 北京市懐柔区統計局 HP 掲載の 2016 年北京懐柔区統計年鑑より（http://www.hrtj.gov.cn/tjsj/jdsj/46857.html 2018 年 1 月 14 日最終確認）。

11 国は，観光スポットについて評価基準を設けており，その到達度に応じて A5〜A1 のランクとなる。この「風景区」は A2 レベルに認定されている。

第二部　観光開発に向き合う村の自律性

12 以下で説明する土地取引における土地面積は，劉・羅・李 2007: 207-210 による。
13 筆者が初めてこの村を訪問した 2013 年以降の観察では，ホテルは稼働しておらず，別荘も多くが草木に覆われ利用されている形跡がない。
14 この村の常住人口構成や民俗接待の担い手の年齢層については，高田晋史らによる調査が行われている。それによれば，常住人口で「最も多い年齢層は 50 歳代，次いで 40 歳代」であった（高田・宮崎・王 2013: 337）。
15 「民俗接待戸」登録して開業していても，地元の農村戸籍を持たない外来経営者の場合には，これらの配布物を得ていないという状況も見られた。地方政府が，民俗接待への支援提供にあたり，いかなる理由，原則により対象を区別するのかについては，まだ調査で充分に明らかにできていない。なお APEC 開催期間中は，警備上の理由で一般観光客のこの村への立ち入りは規制されたため，観光シーズンに営業できず，経営的にはマイナスの影響もあった。その後も国際的な会議開催の際には，同様に観光客受け入れに規制がかかっている。
16 村の共産党支部書記や副書記といった村のリーダーからもそのような発言があった。
17 ここでの村民とは村籍（戸籍所在地が官地村）を持ち，さらに民俗接待登録をしている農家の村民を指す。
18 これらの支援，補助は，村籍がない場合でも，村内の民俗接待登録経営者に一律に提供されていた。
19 この中には，村籍はないがこの村で土地を借りて民俗接待登録している外来者も含まれる。また他村の同業者の加入もある。
20 この改築は，APEC 開催に伴う周辺地域整備の一環で，政府の補助で行われたと村内では言われている。村内の 2 軒でこの時期に大改築が行われ，建築設計は同じ会社が行っている。
21 広東省の烏坎村は，村幹部の罷免を求める村民の運動により，自治を求める村として内外のメディアに取り上げられ，世界的にも有名になったが，そこでの根本の問題は村幹部の土地取引にあった。このほか同様の問題を抱えた事例として，時少華（2012）も参考になる。
22 具体的には，南（2017）を参照されたい。
23 村の党書記からのヒアリング（2015 年）によれば，2008 年 1 月からの法令により，村の土地の使用権は村籍のない人には販売できなくなったとのことであった。なお，2008 年 1 月からの法令とは，2017 年 12 月 30 日付の「国務院弁公庁関于厳格執行有関農村集体建設用地法律和政策的通知」

(農村集団建設用地に関する法律と政策を厳格に執行することについての国務院弁公庁の通知)であると考えられる。

参考文献

【日本語】

石森秀三(2001)「内発的観光開発と自律的観光」石森秀三・西山徳明編『ヘリテージ・ツーリズムの総合的研究』(国立民族博物館調査報告21), 5-19.

南裕子(2015)「中国におけるグリーン・ツーリズムの展開と村落自治組織——村民自治制度, 農村土地所有制度との関連から」一橋大学教育開発センター『人文・自然研究』9: 165-189.

南裕子(2017)「現代中国における農村女性の個人化とジェンダー問題」井川ちとせ・中山徹編著『個人的なことと政治的なこと——ジェンダーとアイデンティティの力学』彩流社, 63-84.

佐々木衛(2012)『現代中国社会の基層構造』東方書店.

高田晋史・宮崎猛・王橋(2013)「都市化地域における農家楽の経営類型と農民専業合作社の役割——中国北京市懐柔区官地村を事例にして」『農林業問題研究』49(2): 336-341.

山村高淑(2006)「開発途上国における地位開発問題としての文化観光開発」西山徳明編『文化遺産マネジメントとツーリズムの持続の関係構築に関する研究』(国立民族学博物館調査報告61): 11-54.

【中国語】

保継剛・孫九霞(2006)〈社区参与旅游発展的中西差異〉《地理学報》第61巻第4号: 402-413.

李祖佩(2012)〈資源消解自治——項目制背景下的村治困境及其邏輯〉《学習與実践》2012年第11期: 82-87.

劉伯英・羅徳胤・李匡(2007)《長城脚下 官地人家——北京懐柔官地村新農村規画与思考》清華大学出版社.

陸文栄・盧漢龍(2013)〈部門, 資本下郷與農戸再合作——基于村社自主性的視角〉《中国農村観察》2013年第2期: 1-13.

時少華(2012)《北京郷村旅游発展中的社区参与研究》旅游教育出版社.

沈志新・張紅(2009)〈京郊民俗旅游第一村懐柔区官地村〉王瑞華・黄中廷主編《光輝的歴程》中国農業科学技術出版社, 209-214.

折暁葉・陳嬰嬰(2000)《社区的実践——"超級村庄"的発展歴程》浙江人民

出版社.

【英語】

Huang, S and Chen, G, 2016, *Tourism Research in China*, Bristol: Channel View Publication.

Murphy, Peter E, 1985, *Tourism-A community approach-*, London: Routledge.(= 1996, 大橋泰二監訳『観光のコミュニティ・アプローチ』青山社.)

Saich,Tony and Hu, Biliang, 2012, *Chinese Village, Global Market: New Collectives and Rural Development*, New York: Palgrave Macmmillan.(= 2015, 谷村光浩訳『中国 グローバル市場に生きる村』鹿島出版会.)

Telfer, D. J. and Sharpley, R. (2008) *Tourism and Development in the Developing World*, London: Routledge.(= 2011, 阿曽村邦昭・鏡武訳『発展途上世界の観光と開発』古今書院.)

Zou, T., et al. (2014) "Toward A Community-driven Development Model of Rural Tourism: the Chinese Experience," *International Journal of Tourism Research*, 16(3): 261-271.

付記:本章は,科学研究費補助金・基盤研究 C(一般)(2015 年度〜 2017 年度 課題番号 15K01867)「中国農村地域の自律性に関する政治社会学的研究——グリーン・ツーリズム実施地域から(研究代表者:南裕子)」の研究成果の一部である。

第5章 「留守」を生きる村
——中国東北地域の朝鮮族村の観光化に着目して

林 梅

1. はじめに

　本章では，中国少数民族村の観光実践について，先行研究で強調されがちな「受動的立場」と「主導的立場」の対立構造に対して，それよりもむしろ両者の協力関係，あるいは前者による後者の取り込みという主体的な運営を焦点化する。そのために，人口流出が顕著な朝鮮族村（「留守」村）を対象として，村の主体的な観光実践による活性化の実態の詳細な分析を通じて「受動的立場」と「主導的立場」の関係性を再検討する。

　中国では，改革開放以降，とりわけ1980年代からは民俗文化を資源とした観光，すなわち民俗観光が急速な広がりを見せるようになった。それは多様な少数民族個々の衣食住に関連する習俗や慣習，そして建築物などはもちろん，生活文化総体までも資源化して，観光を展開することである（呂など編 2012: 45）。そうした取り組みは，民族の伝統文化の保存・継承を促すだけでなく巨額の収益が見込まれることから，経済発展が相対的に遅れている少数民族地域ではとりわけ，貧困対策事業として積極的に展開されている。ちなみに，そうした民俗観光には，主に2つの形態がみられる。1つは特定の敷地内に各民族の伝統文化を象徴するような集落や住居などの

施設を復元して公開するテーマパークであり，一般に「民族村」もしくは「民俗村」と呼ばれている。もう1つは特定の民族の居住単位である村や集落を丸ごと観光資源として観光客に開放するもので，こちらは「生態村」と呼ばれている。

以上のような民俗観光については，主に誰のどのような伝統文化を，誰がどのように資源化し，誰にどのように利益分配がなされているのかといった問題に研究者の関心が集まっている。なかでも，資源化の過程におけるさまざまなレベルの政府関係者や知識人の関与が問題視されるなど，政治性の強さが指摘されてきた（塚田 2016）。

例えば兼重努は，広西三江トン族程陽景区を事例に次のような論を展開している。観光資源とされているのは地元の先達が力を結集して建造し，その後裔たちが資金，物資，労働力を出し合って補修・継承してきた建造物である。ところがそれらの建造物が観光資源として注目されたり収益をあげるようになると，文化財として国家に移管されたり，特定の経営団体の収入源となることはあっても，その観光収益が本来の受益者であるべき地元民に還元されることはほとんどないと指摘する（兼重 2008）。また，建造物のような有形文化ではなく，民族の風土や人情などの無形文化が資源となる場合については，高山陽子がシーサンパンナの「民族村」を事例にして次のように述べている。民族の風土や人情の価値といったものは，国家が歴史的かつ政治的に「正しい」と規定した枠組みに沿って民族エリートが決定する。しかも，そのようにして選択され，エスニック・シンボルとして固定化された民族の風土や人情というものは，実は当該民族の歴史文化というよりはむしろ，その周縁で形成されたイメージを具体化したものに過ぎないとされる（高山 2007）。その他，雲南省徳宏州芒市のタイ族の上座仏教建築の文化資源化に注目した長谷千代子は，文化の資源化に関与する主体とし

ては，都市の行政関係者である漢族とタイ族の知識人，漢族を中心とする観光業者，そしてその村の村長などといった特定の人びとに限定され，その地域住民など本来の当事者であるべき人びとは，自らのものであるはずの文化の価値をほとんど理解していないと言うのである（長谷 2014）。

　以上の先行研究の議論をまとめると，民俗観光の資源とされるものは，地域社会や特定の民族によって引き継がれてきた伝統文化とそれらをシンボル化したものであり（国家の方針に沿った自民族の文化「創造」），行政や経営団体および民族エリート，そしてそうした上部機関や階層などに協力する村長などによって利用されるだけで，その利益が伝統文化を継承・維持してきた当事者に分配されることは殆どないという構図の指摘なのである。つまり，これらの先行研究は，観光資源の利用による受益者である行政，観光業者（漢族），自民族エリート，村長などの「主導的立場」に対して，村民（地元民）は「受動的立場」におかれ，自らの観光資源を利用されるばかりで，その受益者にはなれずに疎外されていることを問題視するような形で，もっぱら両者の対立構造が強調されてきたのである。

　ところが，そうした対立構造が中国の少数民族村のすべてにおいてみられるというわけではない。筆者による中国の延辺朝鮮族自治州の和龍市東城鎮のG村の調査では，対立よりはむしろ相互の依存・協力関係によって，労働力の流出という問題を抱える「留守」村の観光実践が成り立ち，それによって村が活性化していることが確認できた。そこで本章ではこのG村の観光化を事例に，先行研究が強調する「受益圏」である「主導的立場」と「受益圏」から疎外された「受動的立場」との対立構造という構図に対して，むしろ両者が相互依存もしくは協力関係を結んでいる実態を紹介したうえで，そうした実態を支える論理を明らかにしたい。

　筆者は本章の対象地域である延辺朝鮮族自治州の農村で，2003

年から質的調査を継続してきたが，本章ではそのうちでも特に2014年から2017年現在までに実施した調査データの一部に依拠して，議論を展開する。

2. 少数民族としての中国朝鮮族

　中国朝鮮族は，主に18世紀から19世紀の半ばにかけて朝鮮半島から越境し，中国東北地域に定住した朝鮮人とその子孫である。そうした移住の事情は多様かつ複合的である。朝鮮半島では，1860年代から10年以上に渡って継続した自然災害に加え，朝鮮王朝の腐敗した官史の苛政によって多くの民衆が飢餓に直面した。そして，1910年の植民地化に伴う1918年までの土地調査事業，さらには，1920年からの産米増殖計画の実施などによって多くの農民が土地を失い，生活が困窮した。そうした状況ゆえの反日運動の活発化に対してますます弾圧が強化され，多くの独立運動家は抗日運動の拠点を移動させざるを得なかった。加えて，1932年から1938年までには旧満州国と朝鮮総督府の政策によって集団移民が送り込まれたことなどである。

　こうして朝鮮半島を離れざるを得なかった人びとは，中国東北部の吉林省，黒龍江省，遼寧省などで荒地を開拓しながら村落を形成し定住するに至った。その間，清朝期には，民族同化政策を象徴する「雉髪易服[1]，帰化入籍」を強いられ，次いで旧満州国の統治下においては，民族浄化を意味する皇民化政策などの抑圧的支配を経験してきた。そうした厳しい植民地支配の下で生き抜くために，朝鮮人たちは団結し，基本的人権と生活権を求めて中国共産党と手を携えて戦った。とりわけ反日闘争の根拠地であった東北地域では，多くの朝鮮人が「東北抗日聯軍」の一員として日本軍と戦い，日本の敗戦後には，中国の国内戦において共産党と

共に国民党を相手に戦い多大な貢献をなした。その後も，全国に先駆けて「土地改革」[2]を行い，共産党政権の統治基盤を築くうえで重要な役割を果たした。

ところで，中華人民共和国の建国にあたっては，多様な民族を擁した国家統治を実現することは中国共産党政権にとって緊急かつ重要な課題であった。そのための試行錯誤を重ねた末に，「民族平等」を基に国民の大半を占めている漢族と55の少数民族とが中華民族を構成するという理念によって統合が図られることになった。「中華民族」とは，先ずは1900年頃に「漢人中心の国家」として孫文によって提起されたものだが，その後には毛沢東を中心にした共産党によって，漢族と「自治権」をもつ少数民族の国家という形でより具体的に再定義されるようになって現在に至る。この再定義は，他民族を漢化するといった垂直的な民族概念から，少数民族に「自治権」を付与することで，平等的な関係による「統一した共和国」を目指すものであり（毛里 2008: 37），「同化論」の枠組みを超えることを目的としていた。そして，1953年に始まった少数民族の識別では，スターリンによる「言語，地域，経済生活，文化的心理要素」という民族概念が中国の実情にあわせて修正された。つまり，「共通の民族呼称，言語，地域，経済生活，民族感情」を基準とし，なかでも「民族感情」を特に尊重すべき要素として作業が進められた[3]。ところが，その識別作業の過程では，共通の言語や地域を持たない回族を少数民族として確定したり，他国居住の同族と国境を挟んで暮らしているモンゴル族や朝鮮族については中国領土の居住者だけを少数民族に加えるなど，多くの矛盾を抱えるものであった。その結果，民族識別の原則なるものも，極めてプラグマティックなものにとどまり，理論的に厳密に吟味されたものではなかった（毛里 2008: 70）。

そうした少数民族の微妙な位置づけが，朝鮮族の場合には次のよ

うな経緯で定まることになる。中国共産党延辺地域委員会は，中国国内の朝鮮人を少数民族とする方針を 1948 年時点ですでに決定しており，中国共産党の政権確立後にそれを実行した。その根拠となったのが，「朝鮮人による東北地域の開発と抗日闘争への貢献」に対する高い評価である（孫 2009: 724）。「朝鮮人による東北地域の開発と抗日闘争への貢献」とは，朝鮮半島からの移住後の開墾史と革命闘争史における貢献を意味するが，そのうち前者の東北地域の開発とは，東北地方の朝鮮人が他民族と協同して東北の広大な土地を開拓するなど先頭に立って地域建設を担ってきた地域の「主人公」であることを指す。他方，後者の抗日闘争への貢献とは，東北地方の朝鮮移民が他民族と団結し，帝国主義，封建主義と官僚資本主義の横暴に対して不撓不屈の闘いを継続する過程で，大きな犠牲を払ったことを指す（孫 2009: 731）。そしてそれらを象徴するように，朝鮮族の「村々には革命烈士記念碑があり」，開墾・移住史と革命闘争史が朝鮮族史の大部分を占めている。国家統合の必要性から出発した少数民族の識別とはいえ，移民朝鮮人はこうした東北地域の開墾や革命闘争における犠牲や貢献を根拠に，自治権や公民権をめぐっての国家との交渉過程ともいえる識別作業のなかで，中国内の少数民族，つまり中国公民となったのである。そして少数民族政策の一環として朝鮮族自治州を設立し，民族学校を開設して公的に朝鮮語や民族文化教育を行う権利も獲得した。

このように中国朝鮮族は「与えられた民族」のステータスを基に，中国への国民的帰属意識[4]と，朝鮮半島への文化的帰属意識[5]という二重の帰属を中核にして再構築されたのである。

3. 延辺朝鮮族自治州と G 村の概要

中国の総人口に占める少数民族の割合は増加傾向が続いている[6]。

しかし、その少数民族の1つである朝鮮族人口の場合は1990年には190.0万人、2000年には192.3万人と少し増加したが、2010年には減少し183.0万人となっている[7]。ただし、こうした人口統計を参考にする際には、以下の事情を勘案しておかねばならない。中国の人口統計は戸籍をもとに作成されており、外国に長期滞在している人びとも含まれるなど、実際の居住人口の数値ではないために、統計上の人口と実際の居住人口との間に著しく差異が生じる場合もある。たとえば、韓国法務部の2015年1月付の統計では、韓国在住の中国朝鮮族の総数は70万人近くとされており[8]、しかも朝鮮族の移動は韓国に限られているわけではないので、実際に中国国内に居住する朝鮮族人口は統計よりもはるかに低いものと推察される。

朝鮮族の主な居住地である延辺自治州[9]は、吉林省の東に位置しており、ロシアと北朝鮮、そして日本海に接している。州府の延吉市に加えて、図們市、敦化市、龍井市、琿春市、和龍市、汪清県、安図県など6市2県で構成されている。2011年末の統計によると（先にも指摘した通り、あくまで統計上の数値であることに留意）、州内の総人口は218.6万人で、漢族が60.0％、朝鮮族が36.5％、満族が3.0％、回族が0.3％、その他の少数民族が0.2％である[10]。延辺の朝鮮族人口は、1995年には85.9956万人であったが、2011年には80万人を割り込み、延辺の総人口に占める割合も1995年の39.52％から2011年には36.5％まで減少した[11]。

G村の管轄行政である和龍市は、8鎮と3街道の行政区域、そして朝鮮族とモンゴル族、回族、苗族など10種類の少数民族と漢族とで構成されている。2011年末の統計によると、市の総人口は31.4995万人で、そのうち少数民族の割合は53.12％であり、朝鮮族はその少数民族人口のうちの51.53％を占めている[12]。そして、東城鎮には8行政村（村民委員会）と37自然村があり、人口は約1万人で、朝鮮族がその90％を占めているが、農業労働力の半分以

上が韓国その他へ移動している[13]。

G村は、その和龍市東城鎮の東南側に位置し、州府の延吉からは25 km離れている。2015年の調査によると、土地面積は724.71 km²、耕地面積は386 km²、そのうち水田面積は171 km²である。村民委員会は、村書記兼主任、組織委員、会計、保安主任、婦女主任などの役員で構成されている。村は6自然村で構成され、301戸858人が暮らしており、朝鮮族人口が総人口の98％を占める典型的な朝鮮族村である。しかし、1990年代からの移動ブームのなかで、村の労働力人口のほとんどが中国国内の大都市や韓国などへ移動し、村人の言葉を借りれば「村には老人や病人、障碍者しか残ってない」状況となっている。ただし、こうした表現は、村に労働力がまったく残っていないことを意味しない。G村の場合は、2割程度の労働力が残っているがその多くが50代で、韓国への出稼ぎを繰り返しているために流動性が高い。村の運営や農業の最も安定的な担い手は、60代からの村民であるが、老人と認識されているために上記の表現が生まれたと思われる。

4. G村の観光化の取り組み

そんなG村なのだが、実際に訪問してみると、存続の危機に直面しているようにはとうてい見えない。たえず観光客が訪れるなど、むしろ活気づいている。そこで、そうした活気の直接的な要因と思われる民俗観光の取り組みを紹介・検討する。

村民委員会によれば、村の産業の第1として水稲農業が挙げられる。G村の水田の有機、緑色農業は、国家環境保護部から「国家有機食品生産基地」に指定され、農業合作社が経営する大規模有機米農場で、「マシッタ（おいしい）」というブランドの有機米を生産している。第2番目の産業としては民俗観光業が挙げられる。G

第 5 章 「留守」を生きる村

村は民俗風土・人情とブランド米を民俗観光体験，民俗料理などと一体化させることで，農村田園風景と民俗文化とが調和した「生態村」をつくりあげた。2015 年には朝鮮族民俗観光株式会社を設立し，111 の旅行会社と飲食店利用

写真 5.1　村の一角

の契約を結んだ。同年の状況を見ると，夏季の観光シーズンには 1 日当たり 1,000 人近く，年間では 25 万人の観光客が村を訪れた。

このように G 村は，水田農業と観光業を主産業としている。水田農業は朝鮮族村ではどこでも行っているが，G 村ではそれを有機，緑色農業として発展させただけでなく，観光資源に組み込むことにも成功したことが最大の特徴である。以下では，そうした村の観光化の詳細に立ち入ってみる。

村では，2009 年 9 月に村民委員を中心に「生態村建設グループ」を立ち上げ，「生態村」（国家レベル）の認定申請を管轄行政に提出した。次いでは，インフラ整備と自然景観づくりを行った。具体的には，道路の舗装，街灯の設置，広場の建設などのインフラ整備を行い，道路の両側に多様な種類の花を植え，衛生環境の保全のために清掃員を配置した。さらには，村の中心部から周辺部に至るまで 7,000 本のポプラ，1,000 本のトウヒ，1,000 本の梧桐，そしてその他の樹木 5,000 本を植樹するなどして緑豊かな景観をつくりあげた。

次に，伝統文化の観光化なのだが，その事業は民俗料理店の開業，民俗村の整備，民俗芸能という 3 つの事業を軸にして進められた。先ず民俗料理店については，一連の観光化を主導した村長兼書記である K 氏（50 代後半の朝鮮族男性）[14] が，村から廃校（900 m²）の利

第二部　観光開発に向き合う村の自律性

用権の譲渡を受け，それを自費で300人収容のレストランに改装し，適任者を選んで運営を委任した。次いで民俗村の整備については，村の入口などに「天下大将軍」と「地下女将軍」の将軍標（長柱・장승）[15]を設置，廃校の校庭には駐車場だけでなくブランコや板跳びなどの民俗遊具を設け，村の道路の随所の壁には民俗風習をテーマにした絵を描いた。そして，自ら選んで食堂の運営を委託した経営者には，朝鮮族の民俗文化を紹介するガイドを確保するように依頼した。その他，朝鮮族文化の体験施設として，75戸の農家の協力を受けて，それら農家を「農家旅館」として開設し，300名の宿泊客に対応できる体制を整えた。その農家旅館での1人1泊の素泊まりは50元で，その宿泊料金の全額が農家に支払われる。ただし，「農家旅館」に宿泊する観光客は多くない。村から車で30分の距離にはホテルが多数存在する町があり，文化体験に興味がない限り，設備が貧弱に見える村の旅館に泊まろうとする観光客はいない。G村は，そうした観光客のニーズと村の状況を踏まえ，飲食は提供しない素泊まりのみを受け入れている。そうした運営による旅館の仕事は，オンドルに布団を敷くくらいで，老人たちでも十分に対応できる。しかも，各家に常備されている寝具を活用するだけなので，新たな投資も必要ないわけである。そして最後の民俗芸能については，観光客から民俗芸能の公演の要請があれば，村の老人会を中心に結成された文芸公演グループが公演を行い，旅行社から1回当たり300元を受け取り，そのうち100元は村民委員会，残りの200元が老人会の収入になる。

　さらには，合作社による有機，緑色水田農業を基盤にした農業景観の観光化が進められた。各所帯による土地利用の請負制が1980年代から本格化して以来，この村では各世帯単位で水田農業を営んでいた。しかし，1990年代になると，労働人口の大量流出によって耕作人口の不足に直面するようになったので，その請け負った

第5章 「留守」を生きる村

土地を各世帯ごとに外地からやって来た他民族の農民に貸し出すようになった。そんな状況の村において，K氏を中心にして水田農業の合作化を始めたのである。K氏は，農業合作社を組織し，米の生産，加工，販売を一手に担い，有

写真5.2　水田景観台

機食品に対する関心や需要の高まりに合わせて有機農業への転換を図った。農業合作社も当初に参加したのは76戸の農家に過ぎなかったが，2000年に伝統的な水稲栽培の方法を有機，緑色化生産に転換した際には，100戸260人が共同経営に参加するようになった。そしてやがて，合作社で生産した「マシッタ」は日本や韓国などにも輸出されるようになった。しかも，そうして整った農業景観を利用し，はるか地平線まで広がる水田を眺めることができる場所に水田景観台を設置し，付近に駐車場を完備し，水田景観，鴨の飼育による有機農業に関する説明などのコンテンツで「水田アート」も展開した。このようにして水田農業と観光事業とを組み合わせた農業観光が実践されるに至ったのである。

最後には，観光客の誘致とサービスの提供である。中朝国境にそびえ立ち，観光名所である長白山に通じる経路に村が立地するという地理的利点を生かし，関連旅行会社に対する営業活動を積極的に行った。その結果，前述のように2015年には，朝鮮族民俗観光株式会社が設立され，111社の旅行会社と飲食店利用の契約も結んだ。

このように労働力人口が少なくても，村民委員会の主導による村の景観づくり，民俗文化と農業景観の観光資源化，そして観光客の誘致や宿泊施設の提供，民俗芸能の公演などのサービスの提供が開始された。なかでも最も重要なのが，伝統文化と有機・緑色水田農

業の観光資源化，およびその担い手の問題である。そこで以下では，その実態とそれが意味するところを，先行研究が主張する，受益者としての「主導的立場」とそこから疎外されている「受動的立場」の対立関係といった図式と対照させながら明らかにしていきたい。

5.「受動的立場」と「主導的立場」の関係

5-1 観光資源化とその「正統性」

村にとっての重要課題として上で指摘した項目のうち，先ずは伝統文化の資源化について述べる。

伝統文化の紹介を主な主題として村内随所にある壁画のなかには，尹東柱詩人の詩句「하늘을 우러러 한점의 부끄럼이 없기를 잎새에 이는 바람에도 나는 괴로워했다（天を仰ぎ一点の恥の無きことを，木の葉にそよぐ風にも私は心痛めた）」に関する絵も含まれている。尹東柱は，1917 年に間島（現在の延辺朝鮮族自治州の龍井市智新鎮明東村）で生まれ，1936 年には延吉で発行されていた雑誌に詩を発表し始めた。そしてその後の 1942 年には留学のために渡日し，4 月に立教大学文学部に入学し，同年 10 月には同志社大学に転校する。ところが，翌年の 7 月には治安維持法違反の嫌疑で京都の下鴨警察署に逮捕され，懲役 2 年の判決を言い渡され，1945 年 2 月には福岡刑務所で獄死[16] した。上記の詩句は尹東柱の代表作である『空と風と星と詩』の詩句として有名

写真 5.3　壁に描かれている尹東柱の生家と詩句

であり、尹東柱は今や、民族詩人・抵抗詩人として韓国や日本でも絶大な人気を博しており、その詩人とこの村とは直接に縁がないにも関わらず、朝鮮族詩人という人気アイテムを効果的に、村の伝統文化として導入・活用しているのである。

写真5.4 仰ぎみる「革命烈士記念碑」

　ガイドによる「農」、「礼」、「教」、「孝」を重視する朝鮮族の伝統文化やオンドル文化などの紹介に関しても、興味深い事実がある。例えば、水田農業の景観について紹介しながら、「朝鮮族は、東北に水田農業を普及し、皇宮への貢米をつくっていた[17]」と紹介する。また村内のどこからでも仰ぎみることができる山の中腹に聳え立つ「革命烈士記念碑」については、「朝鮮族は、反日戦争と国民党との内戦で多大な貢献があり、村々には犠牲者を讃える烈士記念碑がある」と付け加えることを決して忘れない。このようにG村の伝統文化の紹介は、単なる民俗風習に留まらず、中国東北地域の水田農業の開発や御膳米の生産と進上という誇るべき「農」の歴史と、帝国主義や国民党に抗して数々の犠牲を払いながら戦った政治的貢献、そしてその果実としての国民的「正統性」とを融合させた構成になっているのである。

　ちなみに、そうした誇るべき「農」の歴史と政治的貢献としての国民的「正統性」、さらには既存の伝統文化とを融合してつくり出した民族イメージは、誰によって「創造」されたのだろうか。それは村で独自に考案したものではなく、自民族エリートが創出した民族イメージの創造を転用したものなのである。次の事例はそうした事実を端的に示している。延辺朝鮮族自治州の州委員会宣伝部の求

めに応じて、鳳凰衛視[18]の北京番組センターが中国朝鮮族の文化を紹介するために制作し、2015年2月の春節に放送した『長白山下阿里郎（長白山の下のアリラン）』（70分間のドキュメンタリー）の構成である。

『長白山下阿里郎』は、自治州の州委員会宣伝部の主導下、朝鮮族の有識者が出演し、中国中央テレビや「鳳凰衛視」などのメディアの協力によって制作・放映された。その内容を筆者は「文化的側面」、「国民的側面」、「その他」に分類したものを表5.1に掲載しているので、それに則って紹介する。まず、「文化的側面」は、朝鮮半島に由来する伝統芸能や口承伝説を交えながら、「礼」と「孝」と「教」を重視する文化と、農耕民族の祭事・芸能である「農楽舞」と春節に関する風俗や慣習などを踏まえる形で、「農」の文化を紹介している（表5.1の②、③、⑤、⑥、⑦、⑧、⑨、⑬、⑯、⑰、⑱、⑳、㉑、㉒、㉓、㉔）。これが45分35秒と番組の大半を占めている。

次に、「国民的側面」では、朝鮮半島から越境してきた朝鮮人の中国東北地域の開墾史が取り上げられている。それらが清朝の皇家への御膳米と結び付けられることによって、誇らしい「農」の歴史として6分2秒にわたって紹介されている（⑲）。もう1つは、「東北抗日聯軍」の歴史に関わるもので、帝国主義、封建主義そして官僚資本主義と戦った歴史が5分55秒にわたって詳しく紹介され（⑩）、以上を合わせると11分57秒になる。最後に、「その他」として、地域社会と中央との関係を示すものが2分20秒（④、⑮）、朝鮮族出身の名士や朝鮮族のサッカーの紹介が2分47秒（⑪、⑫）、そして番組の紹介（①）と、朝鮮族とはあまり関係がないロシア人の取材場面（⑭）を合わせると8分24秒になる。

このように中国朝鮮族の伝統文化を広く知らしめるこのドキュメンタリーの内容は、朝鮮半島に由来する「文化的側面」を朝鮮族の東北地域の開墾史や革命史と融合させており、そうした融合は自治

表 5.1　長山下阿里郎（長白山の下のアリラン）

番号	番組の時間の経過（分）	内容別の区分（時間の長さ）
①	0	番組紹介（1分16秒）
②	1:16	長白山と延辺朝鮮族自治州（1分17秒）
③	2:33	朝鮮族の民俗料理（3分10秒）
④	5:43	延辺の気候と山の形状にふさわしいスキー場、行政の支援（2分）
⑤	7:43	延辺と北朝鮮の文芸交流（1分33秒）
⑥	9:16	朝鮮族歌手のインタビュー（3分51秒）
⑦	13:07	民謡を学ぶ「延吉市民謡自楽班」（年寄りたちの集まり）を取材（2分2秒）
⑧	15:09	伝統楽器である伽耶琴の伝承（2分24秒）
⑨	19:33	朝鮮族の教育重視の姿勢（2分20秒）
⑩	21:53	朝鮮族が多数を占める「東北抗日聯軍」の歴史（5分55秒）
⑪	27:48	朝鮮族文化の中心地である龍井市と朝鮮族出身の名士の紹介（1分37秒）
⑫	29:25	サッカーを楽しむ子どもたちと延辺のサッカーの歴史を紹介（1分7秒）
⑬	30:38	農楽舞と融合した春節の祭祀―「焼月亮房子」（3分9秒）
⑭	33:47	中露の港で延辺を訪ねるロシア人を取材（7分8秒）
⑮	40:56	「両会（全国人民代表大会と政治協商会議）」開催時、習総書記が吉林省のグループ討論に参加（20秒）
⑯	41:16	洞簫の伝承人による洞簫紹介と生活環境の紹介（2分3秒）
⑰	43:19	長白山の資源と人びとの暮らし（4分23秒）
⑱	47:42	村の春節（1分38秒）
⑲	49:20	水田農業と貢米（6分2秒）
⑳	55:22	引き続いて村の春節を紹介（58秒）
㉑	56:20	婚礼と娯楽の文化（5分48秒）
㉒	62:08	長白山の資源である朝鮮人参と朝鮮医学、漢方と融合した飲食文化（4分47秒）
㉓	66:55	「象帽舞」の伝承基地である村を紹介（1分57秒）
㉔	68:52	伝統文化のまとめ（1分8秒）

出典：筆者作成

州行政と自民族エリートによってなされたものである。村の観光実践では，まさにそうした行政や民族エリートによってつくられた民族イメージを取り入れている。そしてそれらは，第2節で述べたような「与えられた民族」の構造における，朝鮮族の国民としての正統性の主張とも一致する。

次いでは，G村の合作社の運営，そしてそれによって取り組まれた有機・緑色水田農業の内容，さらにはそれら農業実践の観光資源化について検討する。

村の農業合作社の組織・運営も，村が独自に考案したものというよりは，むしろ国策の積極的な導入に負うところが大きい。世帯による土地の請負制が実施されて以来，特に1970年代後半から1980年代にかけて，中国の農村は飛躍的な発展を遂げ，貧困問題も解決の方向へ進むかに思えた。ところが，市場経済の急速な発展につれて小規模農業では農業資源が分散して資源的優勢性を発揮することが難しく，市場競争においては不利などの問題が表面化し，農業経済の発展を制約するようになった。そうした問題に対応するために国家は農業の合作社を呼びかけると同時に，その促進策として合作社に対する優遇措置，つまり，税金の減免，銀行融資条件の緩和，農機具の購入補助などの財政支援を行った。合作社は村民委員会あるいはその傘下の村民小組とメンバー的には重なる部分が多いが，固有の名称と組織機構があり，村民委員会とは別の事務局を構え，組織としての共有財，そして自主的経営能力も備えている。

ちなみに，中国の有機農業は1990年代から本格化[19]しており，2003年以降には「認可認証条例」の実施に伴って急速な発展を遂げてきたが，それは農業生産方式のことで，一定の有機農業の生産基準に則っている。具体的に言えば，生産過程で化学肥料，農薬，成長剤と畜産飼料の添加物などの使用を禁止し，遺伝子組替えの生物や生産物を扱わず，持続可能な自然循環と生態学原理に準じた農

業技術を採用し、プランテーションと牧畜業との調和を志向し、生物の多様性と資源の持続可能な利用といったように生態バランスを重視した生産方式なのである。

それらの事業も当初は国際有機農業運動連合（IFOAM）の基準に沿って進められ、1995年からはさらに、中国緑色食品発展中心（CGFDC）による緑色食品のA級とAA級という基準も加わった。その緑色農業とは農業生産と経営の方式で、中国の現状に合わせながら各種弊害を克服し、長所をもって短所を補おうとする新しい農業形態で、生産と加工、販売を一体化した農業生産と経営の方式なのである。以上をより具体的に説明すれば、良好な生態環境のなかで緑色食品の生産基準に沿うことで生産過程の質を保証することはもちろん、安全を保障する緑色食品標識の使用権を獲得した良質な食用農産品と関連産品を生産する農業である。緑色食品認定は農業部の緑色食品業の基準に依拠し、生産過程で農薬と化学肥料の使用は許可するが、その使用量と残留量に関する規定が通常より厳しい。A級の場合は、緑色食品の生産過程で限定的に化学合成農薬の使用が認められているが、AA級の場合は、生産過程で化学合成肥料、農薬畜産関連の薬、飼料添加剤、食品添加剤その他、環境と健康に有害な物質の使用を厳しく制限し、農業部による業種基準に従った有機食品と同じレベルのものである。以上をまとめると、有機農業は農業の生産方式のことで、生産基準を守ることが求められるのに対して、緑色農業は農業の生産と経営方式のことで、生産、加工、販売の一体化が求められるという違いがある。

K氏を中心にしたG村の村民委員会は、労働力の流出が続く状況下で、この政策を根拠に農業合作社の組織・運営に乗り出した。合作社の組織・運営によって農業の機械化を大々的に推し進めたことで、農繁期にどうしても労働力が足りない時に外部から人を雇うのみで、50代と60代の村民を主力とする生産体制が成り立つよう

になった。そして，観光資源化の過程で，地平線まで広がる水田という農業景観までも丸ごと観光資源として利用するようになったのである。しかも，食の安全が国内外で問題視されだすなどの社会情勢の変化を見て取り，速やかに水田農業の有機化と緑色化を図るばかりか，観光客にそれらをアピールするなど観光業と農業の総合化を図ったのである。

　要するに，村の観光化は，もっぱら自らの努力による伝統文化の発掘や利用というよりは，国家方針に沿った「正統性」を根拠にするとともに，自民族のエリートによって創造された「民族性」も導入する形で資源化したものである。つまり，行政や自民族エリートなどの「主導的立場」の方針を積極的に取り入れ，自らその受益者になろうとする主体的な姿勢が明らかなのである。

5-2　担い手としての「他者」

　労働力不足が深刻な村が民俗観光開発を始めるにあたっては，課題が山積していた。例えば，観光客に飲食を提供する民俗料理店の運営者，そしてそこで働く料理人やホールスタッフ，そして民俗文化を紹介するガイドなどの人材を確保することであった。そうした人材が村には見当たらなかったのである。そこで村民委員会は仕方なく，他の地域在住の漢族で店の運営を希望した夫婦と店の運営に関して 10 年間の契約を結んだ。そしてその際に，民俗料理店を訪問する観光客に，民族衣装姿での記念撮影，民俗遊具の体験，専門ガイドによる村の案内・解説などのサービスを無料で提供するという条件をつけて，了解を取り付けた。

　こうしてその漢族夫婦が料理店の運営を始めることになったが，その夫婦がまず手をつけねばならなかったのが，料理人の確保であり，村外居住の朝鮮族の女性を民族料理人として雇用したが，長続きしなかった。朝鮮族にとっては，そこで働くメリットがなかった

からである。と言うのも,「在外同胞」の韓国入国が以前と比べてはるかに容易になり,しかも同種の仕事の賃金が,韓国ではこの村のそれと比べものにならないほど高かったからである。そのために結局は,漢族の料理人を雇用せざるを得ず,そのせいでメニューの変更も余儀なくされた。その結果東北の中国料理を中心とし,朝鮮族の民俗料理はキムチ,餅,冷麺に限定し,しかも,その餅は購入し,キムチや冷麺は女主人がその作り方を学んで提供するようになった。

その程度の民俗料理では,観光客からのクレームも予想されたが,幸いなことにそうでもなかったという。観光客の多くが漢族であり,朝鮮族の民俗料理について詳しいはずもなく,しかも漢族の多くは冷たい朝鮮料理よりは温かい東北の中国料理を好むからである。そんなわけで,朝鮮族の料理としてはその代表としてのキムチなどを提供するだけで,民俗料理店としての体裁を保つことができたのである。

次いでは,店のホールスタッフと朝鮮族文化を紹介するガイドの確保である。ガイドは,朝鮮語がわからない漢族を相手にすることが多いので,北京語に堪能でなければならない。そのために,北京語が堪能な朝鮮族を雇用しようとしたが,料理人の場合と同じく難しかった。そこで経営者は漢族の若い女性数名を雇いいれた。それら漢族の若い女性たちは,民俗料理店が提供する宿舎に泊まりながら,朝鮮族の民族衣装であるチマ・チョゴリを身にまとい,観光客に朝鮮族の民俗文化を解説する傍ら,料理店で観光客の接待もこなすようになった。彼女たちは最初に「アンニョンハセヨ」など簡単な朝鮮語でのあいさつを済ませると,ただちに北京語に言葉をスイッチして民俗文化の解説をする。その発音を聞けば,知る人なら朝鮮族でないことがすぐに分かるだろうが,観光客の多くは朝鮮語を知らず,そんなことが問題になることはない。時には,「朝鮮

族なのかい？」といった質問が向けられることもあるが，そんな時にガイドは状況に応じて，そうだと答えることもあれば，「いいえ，漢族です」と正直に答える場合もあるが，それで何の問題も起こっていない。

したがって，少数民族の民俗文化観光なのだから，その民族のメンバーがそれを担うべきだとか，当該民族が担わない民俗文化観光などナンセンスだと決めつける必要もない。現に，問題がおこっていないし，ガイドたちは民俗の礼儀などについてツアーガイド向けの専門書で勉強しているので，朝鮮族の若者たちでも知らないこと，たとえば儀礼や歴史などの知識に至るまで習得しており，紹介の任を十分に果たしている。

ただし，何もかもがうまくいっているはずもないだろう。例えば，自民族の文化資源が他民族によって利用されているのを見て，不快に思う村民がいるかもしれないし，そのことで漢族経営者と村民との間に軋轢が生じる懸念も否めない。

ところが，村の大多数の村民は，村がおかれた状況では漢族の担い手を受け入れることも仕方ない，むしろベターな方法であると一定の理解を示している。ただし，もちろん例外がいないわけではない。そこで，その例外的な村人に眼を向けることによって，この村の民俗観光の実践を裏側から覗いてみることにする。

この村には，村の「厄介者」でありながら，同時に村の「扶助対象」ともいえる50代の男性Ｐ氏がいる。身寄りがなく，収入源がない。その上，深酒しては見境いがない振る舞いに及ぶ。例えば，他人の家に飛び込んでは大きな声で怒鳴り散らしたりする。そんなＰ氏に対して，村人たちは時には優しく，時には毅然とした態度で接するなど，問題がこじれないように工夫している。しかも，村の観光実践の一環で，村民委員会は村の道路と民俗料理店の庭先の清掃をＰ氏に担当させることにした。漢族の料理店運営者も快く協

力したし，それによってP氏も一定の収入が得られるようになった。

それにもかかわらず，P氏はそうした配慮を台無しにするような問題を起こす。許可なしに店の酒を飲んだり，観光客に対して「ここにいるのは私を除いて全員漢族だ」と叫んだりなど，営業妨害をする。しかも，協力や配慮を無にする態度を示す。酔いから醒めるのを待って，店の女主人が「私たちに商売をさせないつもりなのか」と叱責しても，北京語が理解できないふりをするなど，聞く耳を持たない。女主人もすっかり困り果て，村も手をこまねいていた。そもそも，村に残っている村民の多くは老人で北京語が話せないので，漢族とP氏の仲介など手に余る。そんな窮地を救ったのが，最近になってこの村に住み始めた朝鮮族の「よそ者」なのである。

5-3 朝鮮族の「よそ者」

民俗料理店の隣に，60代のL夫婦が移住してきた。2014年10月のことである。L夫婦は，延辺で生まれ育った朝鮮族なのだが，夫は大学を卒業後27年間にわたって長春の教育機関に勤め，夫人も結婚を機に延辺から長春に移って仕事をしながら，2人の息子を育て上げた。長男は日本留学を経て今では中国国内で貿易会社を運営しており，次男はカナダに留学している。こうして2人だけになった夫婦は退職後は延辺で老後を送ろうと，帰郷してきた。そして交通の便がよく空気が澄み景色がよいところを探し回った末に，G村に決めて空き家を購入し，45万元をかけてリフォームが終わるとそこに住み出したのである。彼らは，長春では漢語を中心にした漢族文化圏のなかで生活していたこともあって，北京語に堪能なうえ，漢族文化に対する造詣も深く，朝鮮族で朝鮮語を話し，朝鮮族文化に関する知識は十分であっても，村民からすればやはり「よそ者」である。

村に残っている老人の多くが北京語に不自由なせいで，村民との

意思疎通に苦しんでいた料理店の女主人にとって，言語だけでなく文化的な理解，さらには，朝鮮族の人間関係の知恵も備えたＬ夫婦の存在はかけがえのないもので，とても頼りがいのある存在である。たとえば，観光客の前で叫んだりして迷惑をかけるＰ氏への対応に苦慮していた際には，Ｐ氏には店の清掃の仕事を辞めてもらおうとまで考えて，それについてＬ夫人に相談したことがあった。するとＬ夫人は，Ｐ氏は「年寄りで酒に酔って」のことであり，「店の清掃の収入がないと生活できない」という状況に置かれている人を解雇したりでもすると，村民の信頼を失いかねない。だからなんとしても思いとどまるように諭すなど，適切なアドバイスをした。それにまた，料理店の数少ない朝鮮族料理も，実はそのＬ夫人が女主人に教えたものであった。当然，そうしたＬ夫婦に対して漢族の経営者夫婦はとても感謝しており，折に触れ手土産などで感謝の意を表している。このように北京語と朝鮮語の両言語と両者の文化に習熟した「よそ者」の協力があるからこそ，村において生じてもおかしくない民族対立その他の問題が回避されているのである。

ところが，そのＬ夫婦が2015年6月からは，自らも食事や宿泊所の提供を開始するようになった。それはあくまで「老後の楽しみ」に過ぎなかったが，何しろ小さな村である村が推進している「農家旅館」や民俗料理店との利害対立もあるにちがいない。はたして，共存が可能なのかどうか，対立，軋轢が生じないのだろうか。そうした疑問に答えるために少し立ち入って，その内情を探ってみる。

まず，「農家旅館」との関係についてみていく。観光客が農家に宿泊する目的は，オンドルなど朝鮮族固有の文化を体験することであり，多くの観光客はオンドルに布団をしいて寝るのは初めての体験だから，大いに楽しんでいる。ところが，一部の人はさすがに

慣れないものだから,眠れない。それに,北京語が通じない農家の宿泊を不安がるような人もいる。そんな人にとってL夫婦の宿は格好の宿泊所になる。と言うのも,そこにはベットばかりか,シャワーやトイレなども室内に完備しており,すこぶる便利である。その上,北京語が堪能なL夫婦との会話は観光客にとって非常に楽しく,くつろぎを与えてくれる。このようにL夫婦が提供する宿と料理は,民俗観光のために訪れながらも,農家の宿泊には不安をぬぐいがたい観光客にとって格好の「助け舟」となっている。

次いでは,民俗料理店との関係をみていこう。民俗料理店の客はそのほとんどが遠方からのツアー客であるのに対して,L夫婦が料理を提供するのは延辺地域の客が多い。たとえば,同窓会などに場と食事を提供したりもする。しかも,要請に応じて地鶏や犬肉,羊肉などの料理を提供したり,客が持ち込んだ材料で調理したり,夜通しの宴会のためにカラオケ機材も完備している。このようにL夫婦の料理宿の経営は,民俗料理店や「農家旅館」とは利害が衝突することなく,むしろ村が提供できるサービス提供の空白を埋めている。

以上のように村の観光実践は,村民という「内輪」だけではなく,漢族夫婦のような他民族,さらにはL夫婦のような朝鮮族でありながらも「よそ者」と言うべき担い手の参与・協力があってこそ成り立っている。だからこそ,国家的目標である「民族団結」に沿った実践を行い,際立った成果をあげている村として表彰されたりもしているのである。

5-4 村の有力者

以上の村の観光開発関連の一連の村の実践において,最も重要な役割を担っているのが,村長兼書記のK氏を中心とした村民委員会である。その多様で重要な役割についてはこれまでにも触れてき

たが，以下ではその村民委員会に焦点を絞って，多様な役割を詳細に検討してみる。

　村民委員は，形式上は「村民委員会組織法」（1988 年から実施）によって選出されるようになったものだが，実はその実際的な選出基準は，昔から村の伝統組織のリーダーを選ぶ際に用いていた選出基準を引き継いでいる。このように，村では「組織法」実施などのように行政の政策に変化が生じる度に，その変化に村自身の意思を巧みに埋め込むような形で，それを活用しながら継承してきている（林 2014: 91）。その結果，村民委員会の委員たちは，行政末端の幹部としては村に対して上位に立った管理者でありながら，同時に村民を代表する村の有力者でもあるといった二重性を備えている。そしてそれだけに，行政と村を緊密に媒介する重要な役割を担っている。

　その多様な役割のなかでも，まずは，G 村と行政との関係における彼らの役割を見ることにしたい。

　G 村に対する行政側の評価は極めて高い。以下にあげるこれまでの数々の賞の授与がそれを証している。例えば G 村は 2011 年以来，省級生態村，州級「十佳魅力」郷村，吉林省の金穂級郷村旅游示範基地，「全国休暇農業と郷村旅游示範基地」，省級文明村および延辺州民族団結進歩示範集団など，農業，観光，民族団結など数々の賞を授与されてきた。さらには，それ以上に，G 村に対する行政の信頼を象徴する出来事があった。国家の最高指導者直々の村の視察が実現したのである。2015 年 7 月 16 日，習近平総書記が村の視察に訪れ，水田を見て回り，作業中の村民や農業技術者と交流した。例えば稲の育成状況に関心を示し，農業技術と秋の収穫について村民と言葉を交わし，食の安全は国家の安全を保持する要であると述べた。またその後には，村民委員会事務室に移動して図書室や活動室を視察し，老人会による民俗舞踊を鑑賞した後には，自ら農家を

第5章 「留守」を生きる村

訪問し，村民福祉の詳細を尋ね，村民のニーズに合わせたサービスを心がけるように話すなど，村民と生活環境について親しく会話を交わしたという。

国家の最高指導者の視察村に選ばれたということは，何よりも農業合作社の設立と生態村建設など国策に沿った成功を根拠に，この村を地域行政がモデル村として評価したことを意味する。

習近平総書記の訪問以来，村の入り口や村民委員会の事務室の前には，視察の様子を撮影した写真入りのポスターや紹介文が掲示され，その訪問自体を新たな観光資源に転換する動きが活発になった。それもあって全国から取材が殺到し，村は一気に知名度を上げ，当然のごとく観光客も急増した。昼間は日陰で時間を送るのを日課としている70代の女性は，観光客から総書記が訪問した際の様子を尋ねられ，「その都度，私はこの手で習総書記と握手したと自慢するよ」といい，「多くの観光客から握手を求められる」と自慢げに話す。

総書記訪問の効果は今なお持続している。観光客数が増加傾向にあるだけでなく，村の民俗芸能の公演数も増加して，収入が2倍以上になった。そして，有機・緑色農業で収穫した米もその知名度があがり，北京，上海，広州などの大都市でも流通するようになっただけでなく，価格も大きく上昇した。

次いでは，村民委員と村民との関係である。

これについては，村長兼書記として村民委員の中心にいるK氏の事例を通して，村と行政とをつなぐ村民委員の役割を検討する。「留守」村の主な人口は老人たちなのだが，日常生活で特に困るようなことがないのもひとえにK氏のおかげだと言う。K氏は足が不自由な重度の障碍者でありながらも「全国労働模範」などの数十もの表彰を受けている。そんなK氏が1988年には地域行政の提案を受け入れ，いち早く村に「障碍者自立支援基地」を設けるなど社

会福祉の振興に着手した。K氏はさらに、私財を投げ打って食品加工場を創業し、24 ha の土地の利用権を請け負って果樹園をつくり、貧困者や障碍者を雇用するなどの福祉事業を展開したのである。また、村に7名いる独居老人のために、民政局に働きかけて共同住宅を建設しただけでなく、医療費を負担するなど生活の面倒もみてきた。K氏の地域行政への積極的な協力の姿勢が、地域行政の信頼獲得につながって福祉支援を引き出すなど、実際的な成果をあげるに至った。しかも、そうした実績がまた、村民の村民委員に対する信頼の強化や、村民同士の協力関係の構築・強化につながっている。

村長兼書記であるK氏を中心にした村民委員たちなど村の有力者たちは、村民委員と村人との協同関係のみならず、行政との協力関係をも重視しながら、村に有利な形で地方行政を巻き込むような実践を展開しているのである。

6. おわりに

以下では、本研究で得られた知見をまとめたうえで、今後の展望を明らかにする。

第1に、朝鮮族村の村民と中核メンバーたちは、自治州行政と自民族エリートなどの「主導的立場」の方針を積極的に取り入れ、自らがその受益者になろうとする主体的な観光開発を展開している。村の民俗観光事業は、単なる伝統文化の発掘や利用というよりは、国家方針に沿った「正統性」と自民族のエリートによって創造された「民族性」を積極的に援用し、それらを村の現状だけでなく、情勢に沿わせる形で資源化したものである。

第2に、村は村民という「内輪」だけでなく、漢族夫婦のような他民族や、朝鮮族でありながら村外から新たに参入してきた「よ

そ者」であるL夫婦など，「他者」を温かく村に迎えるばかりか，観光実践の担い手として積極的に活用している。それはまず，「老人や病人，障碍者しか残ってない」という困難な状況を乗り越えていくための方策であったが，それだけではない。漢族の資本や漢族の担い手を積極的に導入・活用するばかりか，朝鮮語と北京語に堪能なうえに，漢族文化と朝鮮族文化のどちらにも造詣が深い朝鮮族の「よそ者」もまた，漢族と村人との間に介入して，両者間に生じかねない衝突を回避する役割を果たしているといった関係性も見逃せない。

　第3に，村民委員たちは行政の末端幹部であると同時に，村民を代表する村の有力者である。この立場の二重性によって，国家行政と村との間を媒介する彼らの役割の重要性が増す。つまり，国家の方針をいち早く理解したうえで，それを戦略的に活用しながら村を運営することができるようになる。例えば，国策に沿うモデル村をつくりあげることで行政の信頼を獲得し，さらには，その効果を村の新たな観光資源へ転用するといったことであり，地域行政の福祉事業に協力することで引き出した支援を村民のための福祉に利用するといった形で展開される。しかも，そうした実績は村民の村民委員に対する信頼の強化や村民同士の協同関係の強化にもつながっている。

　要するに，往々にして二項対立的に論じられる「受動的立場」（村民）と「主導的立場」（村の有力者，他民族による資本，朝鮮族の「よそ者」）とが協力関係，あるいは村民が協同関係を結びながら「主導的立場」そのものを取り込んで展開される観光実践によってこそ，村の活性化が可能になっている。しかも，従来の伝統的な村落共同体の伝承と実績に対する村民の信頼というものが，そうした実践の強固な基盤となっている。例えば，村の「厄介者」や「扶助対象」への対応などからも見て取れる。村民たちは，「厄介者」や「補助

対象」について「何とかしなければ」という発想をもっており，村民委員会の対応もそれらを基盤としている。こうした対応は，村や村民の利益や公平性よりは，身寄りがなく収入源がない者を優遇するあるいは利益やチャンスを「補助対象」に譲ることで，生活保障がはかられる。そのために，村民らと村民委員の協同関係が必要不可欠である。そしてそれらの実績の長期的な積み重ねは，村のメンバーだから「何とかしなければ」ならないことと，「いざとなったときは何とかしてもらえる」という確信や信頼において村の基盤を強固なものにしている。非合理的な矛盾に折り合いをつける「何とかしなければ」という観念に支えられるこうした実践は，従来の伝統的な村落共同体の産物であるが，計画経済から市場経済化への転換によって合理性が追求される現代のなかでも引き継がれ，村人のなかで共有されているだけでなく，村の文化を習熟している朝鮮族の「よそ者」を通して，担い手としての他者にも共有させる，という仕組みにおいて作動しているのである。

　以上の事例とその分析は，先行研究で言及されてきた「受動的立場」と「主導的立場」の弁別に基づく対立的図式にはそぐわない。先行研究では，少数民族の民俗観光において，村民はもっぱら「受動的立場」に追いやられ，村長など村の有力者が権力や資本をもつ行政，他民族，自民族エリートなどに協力する形で「主導的立場」に立つことで受益者となっていることが強調されてきた。それに対して，本章の事例では「受動的立場」と「主導的立場」の協力関係，あるいは前者が後者を取り込むといった関係性が明らかである。

　そうした実態の確認は，「受動的立場」と「主導的立場」の対立関係という図式そのものの限界を示唆しており，少数民族村の観光実践に関する研究の今後の課題を指し示している。例えば，1つの村において，権力を行使する村の有力者を「主導的立場」として，他方，その他の村民を「受動的立場」のように弁別する際の基準は，

観光資源による受益者であるか否かであり，その基準に則れば，本章が扱った事例における村や村民，および村民委員はすべて「主体的立場」であり，したがって受益者となり，先行研究が定式化してきた図式が普遍的に成立するとは言えないことになる。しかも，そうした疑問は，協力関係とされている自民族エリートや行政との関係性にまでおよびかねないのである。

　長年にわたって先行研究が定式化するに至った「受動的立場」と「主導的立場」との対立的図式なのだが，今や再検討が必要だろう。その点に特に留意しながら今後も事例研究を継続していきたい。

注

1　朝鮮人の慣習を捨て，満族の髪型と服装に倣うことが求められるなど，満族への同化を意味する。
2　地主や富農から土地を取り上げ，土地を耕す人びとに平等に分配するという中国共産党の土地政策である。この政策は，貧しい農民の支持を得て，国民党との内戦では共産党の勢力範囲を拡大・強固にする基盤となった。
3　毛沢東が中央共産党による少数民族事業の総括（1953年）の際に提示した民族識別の原則である。
4　中国への国民的帰属意識については，それによって朝鮮人としての民族的帰属意識が消えたというよりはむしろ，それが後景化もしくは潜在化したに過ぎないという可能性もある。
5　朝鮮半島への帰属意識に関しては，それ以外の文化の影響を一切遮断して，もっぱら朝鮮半島の文化を固守するようなものではなく，朝鮮半島の文化的ルーツをアイデンティティの数ある中核の1つとしたと考えるのが穏当だろう。
6　全国の少数民族総人口は，1990年には9,120万人（総人口の8.04％），2000年には1億643万人（総人口の8.41％），2010年には1億3,379万人（全国の総人口の8.49％）である。
7　少数民族人口と朝鮮族人口の統計については，10年ごとに発表される「全国人口調査国家統計」を参照した。
8　韓国在住の朝鮮族とは，韓国内での居住期間が90日以上で，韓国籍取得

者および未取得者，結婚移民者，国籍所得者の子弟である未成年者などのことである。
9 少数民族政策の実施に伴う自治区域の設置に関して，中央は1952年に延辺自治区として認定したが，1955年には延辺朝鮮族自治州として認定するようになった。1998年までに全国に155の民族自治地方が設けられ，5自治区，30自治州，120自治県（旗）がある。
10 延辺自治州に関する統計数値は，延辺統計局による『2012年延辺統計年鑑』を参照した。
11 延辺自治州における朝鮮族人口とその割合は，延辺統計局の『延辺統計年鑑 2012』（中国国際図書出版社）を参照した。
12 和龍市政府HP http://www.helong.gov.cn/user/index.xhtml?menu_id=279 を参照した。
13 和龍市政府HP http://www.helong.gov.cn/user/index.xhtml?menu_id=309 を参照した。
14 K氏は，2016年3月の村民委員選挙をもって，村長兼書記を退いた。
15 人面を彫った柱で，朝鮮半島の伝統的な村の守護神である。「天下大将軍」と「地下女将軍」とが対をなして，村の入口に設置され，天地を往来する神の使いとして神格化されている。
16 その死に関しては毒殺という説もある。
17 朝鮮人の中国東北地域における定住と清朝政府の東北地域に対する開放政策は，この地域における水田農業の急速な普及につながった。G村が所属する和龍市に隣接している龍井市の開山屯は，清朝の皇宮の貢米を生産する産地として有名である。皇家に進上する御膳米の生産については，種撒きの段階から細心の注意が払われ，「田起こし」や「代かき」の際に限っては黄牛を使うが，その他はすべて手作業で行われた。清王朝最後の皇帝の溥儀もこの地域からの貢米を望んでいたという。最終段階の米の選別作業では，選抜された13歳，14歳の処女たちが特定の部屋で一粒ずつ選び，ほんのわずかでも欠けがあるような粒は取り除かなければならないほどに厳しいものであったといわれている。
18 「鳳凰衛視」は香港に本部がある世界的な中国語衛星テレビチャンネルで，中国語圏では非常に人気がある。
19 中国では，1980年代後半から，輸出商品を対象に有機食品の基地建設を徐々に展開し，1990年代には，海外認証機構の中国進出に伴って国内でも認証機構が相次いで設立され，関連事業が本格的に展開されるようになった。

参考文献

【日本語】

兼重勉（2008）「民族観光の産業化と地元民の対応——広西三江トン族程陽景区の事例から」愛知大学現代中国学会『中国 21』29, 風媒社: 133-160.

林梅（2014）『中国朝鮮族村落の社会学的研究——自治と権力の相克』御茶の水書房.

毛里和子（1998）『周縁からの中国——民族問題と国家』東京大学出版会.

長谷千代子（2014）「観光資源化する上座仏教建築——雲南省徳宏州芒市の景観変容のなかで」武内房司・塚田誠之編『中国の民族文化資源——南部地域の分析から』風響社: 307-330.

王柯（2006）『20 世紀中国の国家建設と「民族」』東京大学出版会.

髙山陽子（2007）『民族の幻影——中国民族観光の行方』東北大学出版会.

塚田誠之（2016）「序」塚田誠之編『民族文化資源とポリティックス——中国南部地域の分析から』風響社.

【中国語】

呂弼順・賈琦・李春景編（2012）《延辺地区旅游者行為特徴研究》延辺大学出版社.

孫春日（2009）《中国朝鮮族移民史》中華書店.

第三部

人口流動化の中の村の存続戦略

第6章 「対立」から「融合」と「管理」へ
——流動人口のネットワークをめぐる流入地での戦略

陸 麗君

1. 問題意識

　改革開放以降の中国社会は，工業化，都市化が進むなか，農民工を主体とする流動人口が生じた。この流動人口の数は2016年時点で2.45億人にものぼり，総人口の18%を占め，6人に1人が流動人口という計算になる（国家衛生和計画生育委員会 2017）。近年，農民工の非中心都市への流入が増加する傾向にあり，流入地での長期滞在も増加する傾向にある。

　このように，流入地にとっては，大量の流動人口は，社会のガバナンス面で大きな試練となる。一方，流入した人びとにとっては，住み慣れた故郷を離れ，競争の厳しい都市社会において，生き抜いていくことは容易ではなく，いかに流入地で安定した生活を送るのかも大きな問題である。また，流動人口の社会融合は流入地における流動人口の都市化の促進，社会の安定において重要な意味を持つものだと考えられる。

　本章は流動人口の社会関係資本である同郷的ネットワークに注目し，事例調査のデータを通して，この社会関係資本が流動人口と流入地にとって持つそれぞれの意義とその変容を考察したい。

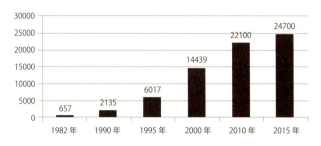

図 6.1　流動人口数の変化（単位：万人）

出典：各年の人口センサスまたは1%人口抽出調査。2015年は国家人口和計画生育委員会による。

2. 先行研究について

2-1　概念の整理

流動人口・外来人口

2010年中国人口センサスによると，流動人口とは，居住地が戸籍の登記地と異なり，なおかつ戸籍登記地を離れて半年以上の人びとを指す。本章では流動人口と外来人口をほぼ同じ意味で使用する。人口の流入先である調査地では「外来人口」と表現されることが多い。そのため，本章では調査地の流動人口を「外来人口」と称する。一般的に農民工が流動人口の8割を占めており，残りの2割はホワイトカラーなどであると言われている。

農民工

「農民工に関する定義には広義のものと狭義のものがある」が，一般的に狭義の定義でいう農民工とは農村戸籍の流動人口のことを指す。具体的には、非農業に従事し、主な収入源が非農業による人びとである。広義の農民工には流動性をもたない、地元の「県城

内」で非農業に従事する者も加える（于洋 2012: 110）。本章で言う農民工は主に狭義のものを指す。

同郷会

地方，特に農山村の出身者が，移住先の都市において，同郷人の間の互助，親睦，交流などを促す目的で組織した集団である。同郷の範囲は村レベルから省レベルまでかなり流動的である。

社会融合

社会融合に対してはさまざまな角度からの定義がなされているが，本章での社会融合とは，流動人口が流入地で収入と生活を安定させ，心身共に健康であり，流入地に対して一定の帰属意識を持つことを指す。

2-2 流動人口の社会融合についての先行研究

まず，流動人口の社会融合についての研究を考察してみる。社会融合に関する理論は融合論（Assimilation）や多元主義（Pluralism），多文化主義（Multiculturalism），部分融合論（Segmented Assimilation）などがある。それらを2つの流れに整理することができる。

1つはPark（1928）と Park. Burgess（1921）が提起し，後にGordon, Milton（1964）が発展させたもので，つまり，移民が移住地で中産階層あるいは主流社会の一員となることを目標に社会融合をするという主張である。もう1つは，多元文化論（Kallen,1956），部分融合論（Hurh and Kim 1984; Portes Zhou,1993; Zhou 1997a,1997b）などの主張で，融合の結果は多元化的であり，必ずしも流入地の中産階層を目指すものではない。

近年中国では，何をもって社会融合というのか，社会融合を測る指標に関する研究がなされている。周皓（2012）は経済融合（収

入,安定した住居),文化適応(流入地の文化,言語など),社会適応(流入地での満足度,社会照準体系の変化など),構造的融合(交友関係,および社会階層に占める位置),身分同一性という5つの指標を用いて社会融合を測ろうとしている。

楊菊華(2009, 2010)は社会行為を項目化して,社会行為の角度から社会融合を考察しようとした。具体的には,流動人口子女の衛生面,健康面,学校の選択,人との交流や社区活動への参加などの社会行為が挙げられている。

流動人口の世代間に照準体系の変化を指摘した研究(王春光 2001;楊菊華 2009)や社会融合のメカニズムについて,個人融合,ネットワーク融合,制度融合からの研究(劉林平 2001)もなされており,興味深い。

また改革開放30年を経て,農民工の「都市適応」(羅遐 2011),特に第二世代の農民工の「都市融合」問題(劉ほか 2009)についての研究もはじまっている。ほかにも農民工の社会融合に対する影響因子とその結果に関する量的な研究(悦ほか 2012)も試みられている。

2-3 流動人口と同郷的ネットワーク

社会的ネットワークの研究では,社会関係資本の視点で同郷的ネットワークに対する研究があげられる。例えば,根岸佶(1998)の上海のギルドについての研究,黄宗智(1992)の1949年以前の揚子江デルタ地域の農村に対する研究でも,農民が同郷的,宗族的なつながりに頼って都市で生活,仕事していたことを指摘している。

改革開放後,流動人口と同郷的ネットワークについての研究が多くなされてきた。同郷的ネットワークが農民工の仕事探し,流入地での適応,農民工の権利擁護などに果たした役割が指摘された。主たる研究には程名望ほか(2006),呉理財(2007)などがある。

以上のように，流入地での農民工の社会融合問題に関して，農民工に焦点を当てた研究が多く行われてきた。そのなかで，農民工の同郷的ネットワークも注目されてきた。

しかし，中国の現状では，流動人口の社会融合には，流動人口以外に，流入地における行政の対応，社会保障制度の整備等諸要素も大きく関与している。この点に関しての研究がまだ不十分だといわざるを得ない。

そこで本章は，流動人口の同郷的ネットワークに注目し，流入先，すなわち受け入れ地である地方政府と地元住民が，流動人口の同郷的ネットワークに対してどのように関わってきたのかについて考察する。受け入れ地と流動人口との「調和の取れた関係」の構築に動き出した調査地における地元政府の取り組みを考察しながら，流動人口の同郷的ネットワークが彼らの社会融合における意義を考えたい。

3．調査地の概況

浙江省A市のZ鎮は，11の行政村と1つの「居民委員会」を管轄している。2014年末現在戸籍上の人口は30,364人，流動人口は約20,000人である[1]。Z鎮には県道が通っており，A市まで14 km，寧波市まで20 km強で，交通至便な場所である。工業が発達しており，機械加工，特に各種のパイプ，バルブの加工は全国的にも有名である。鎮には総面積500 ha，計4つの工業団地がある。2003年からは浙江省「経済百強郷鎮」，「全国経済千強郷鎮」に選出されている[2]。2000年から流動人口の増加が顕著となった。農産物は水稲とヤマモモが主であり，特にヤマモモは特産品として有名である。地元農民の1人当たり年平均収入は約22,781元で，これは同規模の鎮と比較するとやや多い額である。Z鎮の流動人口の出身地

で最も多いのは以下の5つの省,貴州省,安徽省,湖南省,四川省,河南省である。多くの人は親戚,同郷のツテを頼って,Z鎮にやってきて,仕事に就く[3]。

都市への移動,特にその初期段階には,同郷的ネットワークに頼る状況が多くの研究によって指摘されている。表6.1のように,2000年および2005年に、山東省の出稼ぎ者の約2割が、親戚（血縁）、同郷人（地縁）、友人のネットワークを頼りに都市に出て、仕事を探していた。また、表6.2は田北海ほか(2013)が2008年4月から2009年5月まで、湖北省における農民工の出稼ぎルートについての調査である。これによると、約20.5％の人が同郷人に、37.0％の人が親戚,友人に頼って,都市での仕事を探している。その点について,近年になっても変わらない（邱幼雲・程玥2011）。特に指摘しておきたいのは,張領(2016)の,貴州省果支村における「新生代農民工」の研究においても,果支村出身の農民工がA市へ出稼ぎに出る主な理由は,同郷人がいたからであるという点である。

Z鎮の流動人口の住居形態は工場の宿舎と農家の貸家である。また,親戚同士,同郷人が集住することが多い。

表6.1　2000年,2005年山東省調査にみる出稼ぎのルート

出稼ぎルート	2000年割合(%)	2005年割合(%)
三縁（血縁,地縁,友人）によるネットワーク	24.8	20.2
親方による募集	28.0	9.1
企業による直接募集	10.6	6.0
民間仲介組織による募集	21.8	30.0
政府関係による募集	5.6	12.9
個人による就職活動	9.3	21.8

出典：程名望ほか（2006: 144）

流動人口の収入状況を少し見てみよう。筆者の聞きとり調査によると 2017 年時点，技術職，管理職の月収は 4,500 〜 5,000 元であり，流動人口の上位層は小型スーパーなど自営業や企業での技術職が多い。一般従業員の収入は出来高によるものが多く，平均月収は 3,000 〜 3,500 元である。

表 6.2　2008 〜 2009 年湖北省調査にみる農民工の出稼ぎルート

出稼ぎルート	割合（%）
親戚・友人関係	37.0
同郷人関係	20.5
その他（仲介業者，自分自身による仕事探しなど）	42.5

出典：田北海ほか（2013: 40-41）

4．Z 鎮流動人口の社会融合と同郷的ネットワーク

前述のように，Z 鎮の産業は主に機械加工，パイプ，バルブ加工である。それらの加工現場では，それほど高い技術を要求されないが，職種によっては加工過程において怪我しやすい。それらの生産現場では多くの「外地人」つまり流動人口が働いている。Z 鎮人民調停委員会主任への聞きとりによると，流動人口の就職先は中小規模の工場が多く，それらの工場ではコストを抑えるために，労災保険の加入率が低い。そのため，労災発生時は保険が適用されず，しばしばトラブルになる。また，雇用についても，繁忙時には労働力（臨時工）が必要だが，そうでないときには，臨時工に帰ってもらう，というような臨機応変な就業形態をとっており，こうしてコスト削減を図り，競争力をキープしてきた。しかし，このような就業形態は，雇用面では多くの問題が内包されており，トラブルが起こりやすい。これらの問題を解決するために，2008 年から流動人口

も,年金,医療,労災,失業,生育保険の「五金」の強制加入対象となった。具体的には,地元出身の従業員と流動人口の間では,生育保険以外の「四金」に関する基数の規定や個人の負担率,会社の負担率に違いがあり,2014年時点で一番低い基準で言えば,地元住民の1か月の保険金支出は778元であり,そのうち個人負担は217元で,会社負担は561元であるのに対して,外来人口はそれぞれ467元,126元,341元である。

一方,社会保険に強制加入する2008年以前には,外来人口と雇い主の間には,労災や賃金をめぐるトラブルが多発していた。2008年以降でも,小さい町工場(「家庭作坊」)が「五金」の加入に難色を示すケースが少なくなかった。また,後述するように2008年以降もしばらくの間,労災,給料関係のトラブルが続いていた。

4-1 圧力団体──労災,賃金に関するトラブルにおける同郷的ネットワークの役割

前述のように,2008年の労災保険強制加入制度が実施される以前,Z鎮では労災をめぐる,流動人口と地元の経営主間のトラブルが常に深刻な問題となっていた。特に,2004〜2008年の間,労災処理をめぐり,何件もの「集団事件」が発生した。その際,流動人口の同郷的ネットワークは,鎮政府,企業に圧力をかける団体の役割を果たし,また,交渉時においては,鎮政府,企業と同郷人との話し合いの橋渡しの役割も果たしていた。その時点では「流動人口」と「地元経営主,鎮政府」との対立構図が見て取れた。

まず,「集団事件」についてである。工場において,大きな労災事故や人身事故が起きた際,労災保険に強制加入するまでは,その処理はほとんど当事者双方の話し合いに委ねてきた。一方,工場経営者と事故の当事者との間では,しばしば,賠償について合意に達することが困難であった。鎮政府には「人民調停委員会」など第三

者的な組織が設置されているが，流動人口は地元政府の組織に多少警戒心をもち，「地元政府は地元民の肩を持つのでは」との思い込みが多少あった。その結果，交渉は当事者双方で行われていたことが多い。流動人口は一個人の力で地元工場主との交渉に限界を感じる時は，同郷的ネットワークという社会関係資本の力を借りる。その際，話し合いの状況によって，同郷人たちはまず企業との交渉を試みるが，話し合いが破局の場合に，同郷的ネットワークが動員され，企業の電気を遮断したり，生産ラインを妨害したりして正常な生産活動を阻止する行為によって「工場主に圧力をかける」ことが多い。それが功を奏しない場合は，流動人口が同郷的ネットワークを利用し，鎮政府を包囲する事件にまで発展し，経営主と鎮政府に圧力をかける。当時，年に2〜3回同郷人が鎮政府を包囲する事件が発生していた[4]。そこからも抗争の激しさを窺い知ることができる。そうした集団事件の際に，同郷の間には一種の役割分担がなされていた。例えば，法律面で同郷たちをサポートする同郷の「土律師」[5]がいたり，鎮政府を包囲する同郷人のために，水や弁当を配る人もいた。厳密な組織形態は有しないが，毎回の行動はそれなりに組織化されていたりした。同郷人に包囲された鎮政府の入り口やホールが当事者の同郷人でいっぱいになり，鎮政府の仕事にも支障が出た。そこで，一両日中に，鎮政府が関係者を召集し，同じテーブルに着かせ，交渉がもう一度行われることになる。その際には，同郷人の中で人望のある人や「土律師」が当事者と一緒に交渉に臨み，少しでも同郷人に有利な結果を得ようとした。

上述のように，2008年までの，農民工に関する社会保障が完全ではない時期にあっては，就労関連のトラブルをめぐって，流動人口の農民工と地元出身の経営者および地元政府はしばしば対立的な関係になり，その際に農民工にとって同郷的ネットワークは社会関係資本として，自身の権益獲得・擁護をする圧力団体の役割を果た

していたといえる。

　一方，地元政府や地元の住民は，同郷的ネットワークを「厄介者」扱いにしてきた。工場が従業員を募集する際にも可能な限り同じ地方の出身者を多く募集しない，仕事分配の際にもこの点を考慮した。鎮政府も同郷的ネットワークを警戒していた。

4-2 「新旧Z鎮人和諧聯誼会」の設立──社会融合促進の試み

「新旧Z鎮人和諧聯誼会」設立の背景と目的

　2006年に，全国的に「和諧社会」つまり「調和の取れた社会」の建設が盛んに行われ，Z鎮も流動人口に対する新しいサービスや管理の方式を模索し始めた。Z鎮は流動人口のために，「公平，公正，心地よい調和の取れた（公平，公正，舒心，和谐）」環境づくりに仕事の重点を置き，新旧住民が互いに気持ちよく安全で安心して暮らすことができ，新旧住民間のトラブルを未然に防止し，発生したトラブルに関しては波風が立たないように円滑に解決することを通して，新旧住民間の相互不信を払拭し，「社会の安定を維持し」，社会の調和を目的とするために「新旧Z鎮人和諧聯誼会」（以下，「聯誼会」と略す）を設立した。要するに「聯誼会」を設立した最大の目的は外来人口が，流入地において，意思疎通ルートの制度化・円滑化を通して，流入地における社会融合を図り，流入地において調和の取れた社会を目指すものであった。

　「聯誼会」の仕事の重点は何といっても以下の2点にある。1つは流動人口管理の情報ネットワークを構築すること，もう1つは新旧住民間のトラブル解決のメカニズムを構築することである（「新旧Z鎮人和諧聯誼会設立の目的」より）。これにより，地元や地元政府の同郷的ネットワークに対する認識にも，変化が出てきた。これまで同郷的ネットワークを警戒していた状況から，優秀な外来人口を取り込み，彼らを外来人口関連の問題解決に協力してもらえるように

した。同郷的ネットワークを，対立的な力から協力的な力へと変革することを目指した。

聯誼会のメンバーの構成

鎮政府や村民委員会は外来人口の中から優秀な人員を選び，聯誼会のメンバーに抜擢した。その「選出」に当たって，以下の4点を特に注意した。(1) 仕事が安定していること。(2) 法律の遵守，(3) 熱心で近隣や同僚との関係が良好であること。(4) 同郷の中では，人望があること。

このように「聯誼会」の外来人口メンバーには新旧住民間，外来人口と村民委員会，鎮政府との間の橋渡しの役割が期待されていた。

2017年現在，Z鎮には11の「聯誼会」があり，会員総数は235名，そのうち，151名（64.3%）が外来人口である。ここではZ鎮で一番早く成立したYY村の事例を見てみよう。

聯誼会が設立された2007年のYY村は，地元住民が703戸計3,156人である。一方外来人口は5,866人である。全村の賃貸家屋が2,700軒（室）で，80%の村民が家主である。このように，外来人口が地元住民の倍近く住んでいるYY村の聯誼会メンバーは51名で，そのうち34名（全体の66.7%）が外来人口である（表6.3参照）。

まず，YY村聯誼会の外来人口メンバーの基本状況を見てみよう。メンバーの出身省は外来人口全体の出身省とほぼ一致している。具体的には，貴州省9名，安徽省7名，四川省6名，河南省5名，江蘇省3名，湖北省，湖南省，広西省，江西省が各1名となっている。また，職業別でみれば，自営業（「老板」）が目立ち，15名（表6.3の中の黒点をつけたメンバー）がおり，4割強を占めた。残りの19名は企業の従業員であるが，地元の比較的大きな企業での勤務が14名で，彼らは中間層の管理職，技術職が多い。残りの5名は地元の中小企業，あるいは個人経営の企業での勤務である。教育レベ

第 6 章 「対立」から「融合」と「管理」へ

表6.3 「YY村聯誼会」外来人口メンバーの基本情報

メンバーの番号	年齢(設立した2007年10月時点)	性別	教育レベル	出身省	仕事関係
1	40代前半	男	中卒	四川	企業勤務
2	40代前半	男	高卒	湖北	企業勤務
3	30代後半	男	小卒	安徽	廃品回収業 ●
4	40年代前半	男	小卒	湖南	企業勤務
5	30代前半	男	小卒	四川	左官
6	30代前半	男	中卒	四川	企業勤務
7	30代前半	男	中卒	江蘇	廃品回収業 ●
8	20代半ば	男	中卒	貴州	企業勤務
9	20代半ば	男	高卒	貴州	個人工場勤務
10	30代後半	男	中卒	四川	企業勤務
11	30代後半	男	中卒	安徽	企業勤務
12	40代前半	女	高卒	四川	雑貨店経営 ●
13	40代前半	男	小卒	四川	個人左官業 ●
14	30代前半	男	小卒	江西	個人左官業 ●
15	40代前半	男	高卒	河南	個人運送業 ●
16	40代前半	男	中卒	河南	個人運送業 ●
17	40代前半	男	中卒	河南	個人修理業 ●
18	30代後半	男	高卒	安徽	企業勤務
19	30代前半	男	中卒	安徽	企業勤務
20	30代半ば	男	中卒	貴州	個人工場勤務
21	40代前半	女（共産党員）	中卒	貴州	工場勤務
22	30代後半	男	中卒	貴州	個人工場経営 ●
23	30代後半	男	中卒	貴州	個人運送業 ●
24	30代前半	男	高卒	貴州	企業勤務
25	20代後半	男	高卒	安徽	企業勤務
26	30代後半	男	中卒	貴州	企業勤務
27	30代半ば	男	中卒	河南	アルバイト
28	30代後半	男	中卒	広西	雑貨店経営 ●
29	30代後半	男	中卒	河南	個人運送業 ●
30	40代前半	男（共産党員）	高卒	安徽	農民工子女の小学校経営 ●
31	30後半	男	中卒	江蘇	企業勤務
32	30代前半	男	中卒	安徽	自営業（業種不明） ●
33	30代半ば	男	高卒	貴州	企業勤務
34	30代前半	男	小卒	江蘇	廃品回収業 ●

出典：YY村聯誼会資料により筆者が作成。
　「●」は自営業のメンバーを表す。

ルは以下の通りである。高卒 9 名 (26.5%)，中卒 19 名 (55.9%)，小卒 6 名 (17.6%) であり，年齢は 20 代から 40 代にわたり，幅広い年齢層に対応可能だと思われる。一方，男女別でみてみると，34 名の聯誼会の外来人口メンバーの中に女性は僅か 2 名 (5.9%) にすぎない。なお，この 34 名の聯誼会外来人口メンバーは YY 村の「聯誼会」理事会 15 名の理事中 7 名，常務理事会 8 名の常務理事中 3 名を占めている。

例えば，表 6.3 の 24 番の L 氏は，貴州省から A 市に来てから 11 年が経ち，現在は地元にある大規模の台湾資本系企業の課長である。YY 村聯誼会設立大会での記録では，彼は自分のタスクを，周りの同郷に良い影響を与え，法律遵守，近隣融和を目指すこと，同郷人や同僚の困りごとを代弁し，合法的な方法で問題解決をすること，流動人口が現地社会に融合し，YY 村の調和の取れた社会建設に貢献することであると強調した。

一方，17 名の地元住民はすべて村民委員会のメンバーである。A 市は賃貸人，企業などに参加を呼びかけているが，YY 村の地元民の構成からみれば，全員が YY 村民委員会の委員で共産党員である。聯誼会の会長は村民委員会主任兼党書記が担当している。聯誼会が設立された 2007 年時点で，17 名の地元メンバーの年齢は 50 代が 8 名，40 代が 6 名で，30 代 3 名であり，そのうち女性が 5 名である。

上述のように，YY 村聯誼会の設立，外来人口メンバーの選出方法，そして，地元メンバーがすべて村民委員会メンバーであるといったことから，この聯誼会の官製色が濃いことを窺い知ることができる。

YY 村聯誼会の活動と役割
図 6.2 は YY 村聯誼会の組織図である。その組織構成から，聯誼

第6章 「対立」から「融合」と「管理」へ

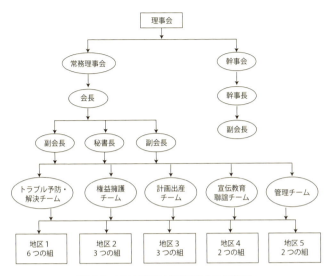

図6.2 YY村新旧村民聯誼会の組織図

出典：YY村聯誼会資料により筆者が作成。

会の5つの仕事のうち，4つの仕事，すなわち「トラブルの予防・解決」，「権益擁護」，「出産計画」，「宣伝教育・聯誼」が外来人口と密接に関連している。特に指摘しておかなくてはならないことは，聯誼会の外来人口メンバーはYY村の5つの地区16の組をそれぞれ担当し，各組の状況把握，特に外来人口のニーズを把握する情報伝達役（「信息員」）を担うことである。この情報伝達の役割によって，制度化されたルートで外来人口のニーズを収集することが可能になった。

このように，外来人口に対するサービスが包括的なものになり，しかも以前のように，問題が発生してから解決するのではなく，聯誼会の外来人口メンバーを通して，早い段階で問題を発見し，解決することが可能となった。またこれらの仕事を，以前はすべて地元

189

政府と村が担っていたが，現在は外来人口も加わり，地元の人たちと共同で担うことになった。

　実際に，聯誼会は労災を始めとする様々なトラブルの解決に力を発揮している。例えば，2009年4月に，四川省出身の従業員が仕事中に脳出血で倒れ，半身不随になってしまった事例では，医療費用と今後の生活費をめぐって，従業員側と企業側が激しく対立した。この会社が所在する村の村民「小組長」（班長）が「信息員」の役割を発揮し，この事案を村民委員会主任に報告し，村はただちに鎮の関連部門に報告した。それによって鎮が早い段階でこの事案への介入が可能になり，事態の悪化防止に役立った。また，従業員の家族と同郷である，YY村聯誼会の副会長（表6.3の1番のメンバー）がいち早く駆けつけて，従業員側と企業側の仲介役と調停役を果たした。何回も話し合いを行い，双方の意思疎通を図った結果，双方が納得できる賠償案に達し，問題をうまく解決した。

　この問題の解決プロセスからも分かるように，以前は，外来人口と地元企業主間にトラブルが発生し，合意に達することができず，双方が対立した場合，「同郷的ネットワークと外来人口」対「地元企業主および地元政府」との構図になりやすかった。だが聯誼会が設立されて以降は，問題の解決プロセスが異なった。まず新住民として位置づけられた外来人口に関することは「村民小組」と村のサービス対象となる。そのために，村民に関するトラブルの情報が，村，鎮の関連部門に共有される。次に，当事者同士の話し合いがうまく行かない場合，村と鎮が介入し，同郷的ネットワークを活用して問題解決に当ることが可能となる。一方で，外来人口にとって，同郷的ネットワークが持つ社会関係資本としての意味も依然として存在する。そのために，同郷的ネットワークとこのネットワークの節点にいる聯誼会のメンバーが外来人口と鎮，村の橋渡しの役割を果たすことが可能となった。このように，以前は，外来人口の社会

関係資本として同郷的ネットワークが地元との対立を深める役割を担いがちであったが，同郷的ネットワークが聯誼会に取り入れられてからは外来人口と地元住民の融合を促進する重要な要素となった。

2008年以降，外来人口に対する社会保障制度が実施され，労災や賃金を巡る大きなトラブルは減少したが，個人企業での就労や臨時的な仕事に関して，社会保障制度から漏れる事案に関してのトラブルは依然存在した。仲裁事案の統計は表6.4の通りである。具体的な内容を見てみよう（以下はすべて2013年1月から9月までの事案）。

1. 地元のW氏が四川省出身のX氏に製品加工を依頼したところ，出来上がった製品のサイズに問題があり，廃品になった。双方が製品の加工費問題で意見の相違があった。話し合いの結果，W氏がX氏に製品加工費2,000元を支払い，製品はW氏の所有となる。
2. 貴州省出身のT氏が地元のZ氏の会社で仕事中転倒し，肋骨を折る怪我をした。賠償について意見の相違があった。話し合いの結果，Z氏がT氏に17,500元の賠償金を支払った。
3. 四川省出身のJ氏は河南省出身のY氏の工場従業員である。J氏の妻がY氏の工場で夫の仕事を手伝ったところ，左足の太ももを怪我してしまった。その賠償についてのトラブルで，話し合いの結果，Y氏がJ氏の妻に400元を払った。
4. 四川省のF氏は地元出身のH氏の工場で2007年から勤務してきた。収入は出来高払いだが，工場の業務量が不安定なため，F氏の収入に支障を来たした。それが原因でトラブルが発生し，話し合った結果，双方は雇用関係を解除し，H氏がF氏に5,000元の一括補助金を支払った。

以上のようなトラブルは，民事訴訟を通して問題解決する方法もあるが，時間と費用がかかるので，外来人口にとっても，地元の人にとっても得策ではない[6]。そこで，一般的な解決方法として，当

事者同士の話し合いが重要となるが，外来人口の同郷人である聯誼会のメンバーの介入は双方が合意に達する上で欠かすのできない役割を果たしていた。一方，当事者が合意に達した場合でも，第三者である鎮の人民調停委員会で「調停協議書」を作成してもらうケースが多数をしめている。何より賠償金が発生する場合は，鎮の調停室で，鎮の調停員が立会いのもと，賠償金の授受を行うのが大部分となる。2013年1月から9月までの仲裁案件33件の記録を見ると，33件の案件はすべて当事者双方が合意に達した後に「調停委員会」を利用したことがわかる。

上述のような問題解決のプロセスから言えることは，同郷的ネットワークがこれらのトラブル解決に依然として役立っていることである。ただ，以前のように圧力団体としてではなく，調停役として活躍している。また，同郷的ネットワークと聯誼会の努力により合意に達した案件は，最終的には鎮政府の調停委員会という公的な場で問題が解決されたと認められることである。

以上は主に雇用と仕事に関するトラブルの解決における同郷的ネットワークと聯誼会の役割であるが，それ以外の問題に関しても，聯誼会の外来人口メンバーが，外来人口の医療，子女の就学，仕事探し，部屋探しなど細かなニーズを基層から掘り起こし，問題解決に貢献してきた。

例えば表6.3の聯誼会メンバー11番は，自身が担当する組の家庭訪問を通して，安徽省出身の一家が生活困窮により，右腕を骨折した2歳の娘さんの怪我を治療するお金がないことが分かった。そこで聯誼会メンバーはすぐ村民委員会に連絡すると同時に，この一家のために「困難補助金」を申請したので，翌日にこの一家は村民委員会から1,500元の補助金を受け取り，娘を病院へ連れて行くことができた。

上述の事例からわかるように，同郷的ネットワークが聯誼会に取

りこまれてから，その位置づけが変化してきた。2008年ごろまで，同郷的ネットワークは同郷人の自発的な権益擁護における圧力団体の役割を果たしたが，2007年10月に聯誼会が設立され，同郷的ネットワークという社会関係資本は次第に聯誼会に吸収されていった。聯誼会という組織が外来人口と地元社会を結び付けるきっかけを提供しただけではなく，聯誼会の外来人口メンバーを通して，多くの外来人口が自分の訴求やニーズを訴えるための制度的な仕組みができたのである。

また，村で生活する中で発生した様々な問題も，新旧住民が身近にいる聯誼会メンバーの助けや助言を求めることができ，問題の早期解決に大いに役立っているといえる。

表6.4　Z鎮「人民調停委員会」による処理案件 (2013.1～9)

対象	労災	賃金トラブル	保険加入トラブル	交通事故	その他
流動人口対地元住民	15（そのうち，13件は貴州省出身）	1		5	1（加工費トラブル）
流動人口同士	1			1	2（喧嘩）
地元住民同士	2		1	1	3（民事関連）
合計	18	1	1	7	6

出典：Z鎮「人民調停委員会」の記録に基づき，筆者が作成。

5. 流動人口への総合サービス

2010年頃から，Z鎮の外来人口に対する関わりは各種のサービス提供へと重点が変化してきた。まずは生活環境の整備である。外来人口の増加により，Z鎮の各村ではゴミ問題，公衆トイレ不足などの問題が頻発し，それらの問題解決に鎮が補助金を出し，主に鎮

と村の資金で解決していった。また賃貸住宅の防火問題も重視されるようになった。消防の定期検査が行われている。

　さらに，安全，安心の地域生活のために，2005年から夜の巡回が始まった。初期の段階では巡回メンバーはすべて地元の村民だったが，現在一部の村では外来人口も巡回に参加している。巡回チームの隊長は警察署の基層機構である「派出所」の所長が兼任している。また「派出所」が巡回メンバーに給付される日当を負担している。巡回チーム結成の当初から夜回り以外に，重要な仕事として外来人口の登記および計画生育の指導も行っている。手当ての出所や巡回チームの仕事内容から，この巡回チームの「官製」色が窺える。現在は巡回チームが同郷的ネットワークを活用して，引越しが頻繁な外来人口の住居登録に力を入れている。大体1人の巡回員が500人の外来人口のデータ収集，住居登録を担当している。巡回員にはスマートフォンが支給され，その場で外来人口の人口登録や住居情報がオンラインで「派出所」の外来人口情報システムに送られる。

　具体的に，外来人口の登録には以下の情報が必要である。1年以上の年金加入に関する情報，工場との就労契約および就業証明である。また外来人口の居住期間が6か月以下である場合は登録手続きさえすればよいが，6か月以上の場合は，居住カードの申請手続きをしなければならない。住居変更の場合は，10日以内に再登録しなければならない。巡回メンバーは勤務前もしくは帰宅後の外来人口の在宅時間を利用して仕事をこなしている。このように，現在，Z鎮は外来人口の住居登録に力をいれており，Z鎮は外来人口情報収集率が85％，賃貸住宅情報収集率が95％[7]をキープしており，居住人口，常住人口，流動人口の居住地等の電子地図化を目指している。

　一方，2008年から推進されてきたZ鎮の各種社会保障加入については，2017年9月時点でZ鎮の企業の社会保障参加率が93.5％

に達した。労災などに関する賠償が社会保障センターなどの専門機構で行われるようになった。そのため，最近では，労災を巡って以前のような外来人口と地元政府や村，企業との激しい対立がほぼ見られなくなった。

上述のように，Z鎮政府の外来人口に対する関わりも，外来人口と地元民との激しい紛争に対応することから外来人口の日常的なサービス・管理へとシフトされてきたことがわかる。

6. おわりに

流動人口の同郷的ネットワークとその役割は，流動人口を取り巻く状況の変化によって大きく変わってきた。社会保障制度がまだ完備されておらず，流動人口と地元の人びととの意思疎通ルートが制度化されていない2008年頃までは，同郷的ネットワークは流動人口にとって，流入地で生きていく上で欠かせない存在であった。特にトラブル発生時に，流動人口自身の権益擁護のための圧力団体として役割を果たしていた。しかし，その当時，地元政府，地元の人たちはむしろ流動人口の同郷的ネットワークを警戒していた。

その後，流動人口を取り巻く社会保障制度の完備にともない，同郷的ネットワークの圧力団体の機能が弱まった。一方，2006年に調和の取れた社会建設推進を背景に，地元政府が流動人口を新住民と位置づけた。新住民にサービスを提供するため，同郷的ネットワークは地元政府が警戒し，敬遠していたものから，流動人口の社会融合，社会管理に活用できる社会関係資本となった。「聯誼会」に流動人口が参加したことがこのことを如実に物語っている。一方，流動人口の社会融合に目を向けると，「聯誼会」は流動人口のエリート層に流入地での社会融合のきっかけを提供し，エリート層自身がそれをきっかけに社会融合を果たすリーダー役となってい

る。また，同郷人のエリート層が橋渡し役となり，トラブル解決などを通して，周りの流動人口の流入地への社会融合を促進しているともいえる。しかし，かつて一枚岩の同郷人が聯誼会のような活動によって分断されていくことも指摘しておく必要があろう。

さらに，地方政府は流動人口のエリート層を通じて，「標準語」で語られている政策やルールが一般の流動人口にとって分かりやすい「家郷話」（故郷の言葉）に訳され，浸透されていくことも推進しており，聯誼会の役割がますます重要となっている。

なお「聯誼会」方式の行政サービスは村を単位としながらも，必要に応じて，新旧住民の就職先の企業とを連携し，村を超える管理がなされていることも指摘しておきたい。

今後，同郷的ネットワークを通して，新住民（流動人口）と旧住民，および地元政府との信頼関係の構築が可能なのか，また，流動人口の階層分化問題もさらに考察する必要がある。その上で，制度的な保障，公共サービスの均等化と社会融合問題を総合的に考えていかなければならない。

注

1 A市Z鎮の公式ウェブサイトのデータによる。
 (http://www.yy.gov.cn/col/col66180/index.html) 2019.3.22取得。
2 同注1。
3 筆者の聞き取り調査による。以下、特別の説明がない限り、調査地についてのデータはすべて筆者の聞き取りによる。
4 鎮政府を包囲する事案は一般に死亡事故をめぐるトラブルが多かった。例えば、2006年に持病がある農民工が仕事の最中に倒れ、亡くなった事例。賠償金額について双方の意見に相違があった。また、2007年に工場の要請で日曜出勤した20代の農民工が仕事を終えてから、同郷の友人たちとダムで泳いでいて、溺死した事件。労災の認定や賠償金額について、遺族と企業との間に大きなずれがあり、双方だけの話し合いでは問題が解決せず、同郷団体を巻き込み、鎮政府を包囲する事態に至った。

5　弁護士の資格は有しないが，法律に詳しい人のことである．
6　2017 年 9 月筆者の Z 鎮司法所インタビューによる．
7　「2017 年上半期 Z 鎮流動人口管理弁公室仕事まとめ」による．

参考文献
【日本語】
于洋（2012）「農民工の社会保障」埋橋孝文・于洋・徐栄編著『中国の弱者層と社会保障――「改革開放」の光と影』明石書店, 109-132.

根岸佶（1998）『上海のギルド』大空社.

【中国語】
程名望・史清華・関星（2006）〈農民工進城途経――選択，嬗変与理性回帰〉《安徽大学学報（哲学社会科学報）》2006 年第 6 期：142-147.

国家衛生和計画生育委員会（2017）《中国流動人口発展報告 2017》, 中国人口出版社.

黄宗智（1992）《長江三角洲的小農家庭和農村発展》中華書局.

劉林平（2001）〈外来人群体中的関係運用――以深圳"平江村"為個案〉《中国社会科学》2001 年第 5 期：112-124.

劉伝江・程建林・董延芳（2009）《中国第二代農民工研究》山東人民出版社.

羅遐（2011）《流動与定居》社会科学文献出版社.

邱幼雲・程玥（2011）〈新世代農民工的郷土情結〉《中国青年研究》2011 年第 7 期：51-55.

田北海・雷華・佘洪毅・劉定学（2013）〈人力資本与社会資本孰重孰軽――対農民工職業流動因素的再探討〉《中国農村観察》2013 年第 1 期：34-47.

王春光（2001）〈新生代農民工的社会認同与城郷融合之間的関係〉《社会学研究》2001 年第 3 期：63-76.

呉理財（2007）〈游走在城郷之間――来自安徽、四川和湖北内陸省份農民工的報告〉《当代中国農民工文化生活状況調査報告》文化部文化市場司 中国社会科学出版社, 160-174.

悦中山・李樹茁・費尓徳曼（2012）《農民工的社会融合研究――現状，影響因素与後果》社会科学文献出版社.

楊菊華（2009）〈従隔離、選択融入到融合――流動人口社会融入問題的理論思考〉《人口研究》2009 年第 1 期：17-29.

楊菊華（2010）〈流動人口在流入地社会融入的指標体系――基于社会融入理論

的進一歩研究〉《人口与経済》2010 年第 2 期: 64-70.

張領（2016）《流動的共同体──新生代農民工，村庄発展変遷》中国社会科学出版社.

周皓（2012）〈流動人口社会融合的測量及理論思考〉《人口研究》2012 第 3 期: 27-37.

【英語】

Gordon, Milton Myron (1964) *Assimilation in American Life: The Role of Race, Religion, and National Origins*, New York: Oxford University Press.

Hurh, Won Moo, and Kwang Chung Kim (1984) "Ad-hesive Sociocultural Adaptation of Korean Immigrants in the U. S.: An Alternative Strategy of Minority Adaptation," *International Migration Review*, 2: 188-216.

Kallen, Horace M (1956) *Cultural Pluralism and the American Idea: An Essay in Social Philosophy,* Philadelphia: University of Pennsylvania Press.

Park, Robert Ezra, and Ernest W. Burgess (1921) *Introduction to the Science of Sociology*, Chicago: University of Chicago Press.

Park, Robert Ezra (1928) "Human Migration and the Marginal Man," *The American Journal of Sociology*, 6: 881-893.

Portes, Alejandro, and Min Zhou (1993) "The New Second Generation: Segmented Assimilation and Its Variants," *Annals of the American Academy of Political and Social Science*, 1: 74-96.

Zhou, Min (1997a) "Segmented Assimilation: Issues, Controversies, and Recent Research on the New Second Generation," *International Migration Review*, 4: 975-1008.

Zhou, Min (1997b) "Growing up American: The Challenge Confronting Immigrant Children and Children of Immigrants," *Annual Review of Sociology*, 1: 63-95.

第7章　中国都市にみる「村」社会と民間信仰
——深圳の「城中村」を中心に

連　興檳

1. 圧縮された都市化とその影響

　改革開放政策の実施を皮切りに，1980年代以降の中国では大きな社会変動期を迎えており，その従来の社会構造が大きく変容している。そうした中，経済発展に伴って都市化の進展が顕著にみられ，とくに農村・地方から都市部への人口移動が活発化している。結果として，城鎮人口の総人口に占める割合は，1978年の17.92%から2017年の58.52%へと飛躍的に上昇した[1]。つまり，現在の中国では半数以上の人口が都市部に集中し常住している[2]。このような現象は，発展途上国の都市化の1つの特徴であり，「圧縮された都市化」と呼ばれる[3]。

　しかし，すべての都市移住者が都市の生活に適応できているとは限らない。そもそも都市部の定住者の大多数が農村・地方出身者であり，彼らの出身地域である「郷土社会」は都市圏よりも広大な面積を有し，従来の中国社会の基層構造の核となるものである。確かに，改革開放以降の中国では郷土社会の基盤（郷土文化を含む）が揺るがされ，また多くの農民は長年縛られていた土地から解放されたが，離農した人びと（都市移住者を含む）にはある程度の郷土的要素が残っており，しかもそれはなお彼らの行動様式に影響を与え続け

ている。例えば，村落共同体を統合する重要な機能を持つとされる「民間信仰」が，一部の農村出身者によって都市社会に持ち込まれ継続されていることが確認できる。

都市部にみられる民間信仰は，もともと都市に位置する農村に存在しているものもあれば，都市移住者によって持ち込まれたものもある。これらの詳細は，本章で取り上げる「城中村」(都市中の村)を通じてうかがうことができる。例えば，深圳にある城中村の中で，祠堂や廟のような民間信仰と深く関係する伝統的建築を残しているところが多くみられる。

従来の城中村研究は，「城中村の定義，特徴，類型および評価」，「城中村の形成メカニズム」や「城中村に対する改造」を中心に，さまざまな分野において進められてきた (周 2007; 仝・馮 2009)。その中で，元住民である村民たちの血縁・地縁関係とそれによる独特な経済的構造や，都市移住者と村民との関係に注視する研究が代表的で，例えば李培林 (2002, 2004) や藍宇蘊 (2003, 2005) の広州の城中村を対象とした研究がそれである。これらの研究を含め，民間信仰のような伝統的文化に関する考察は，孫慶忠 (2003) や儲冬愛 (2012) などの研究からも見受けられるが，村民たちの信仰に焦点を当てたものがほとんどである。それに加え，本章では，これまであまり注目されてこなかった城中村の民間信仰に対する都市移住者 (例えば潮州人) の影響についても考察を試みたい。

そもそも民間信仰に焦点をあてるのは，前述したとおり，それが，従来の村社会に付随する伝統的文化であり，現存する城中村が完全に都市化されない原因を理解する１つの手がかりであるためである。周知のように，深圳は，わずか30数年で農漁村地域から大都市へと急成長を遂げた。その過程の中で，「村改居」[4]を経て都市社区となった城中村は，深圳全体の縮図のような存在であるといえる。こうした城中村では，村社会を牽引してきた共同体意識は，新たに

形成された経済的構造に浸透しており、ある程度の影響力を持つ。言い換えれば、旧来の村社会を支えてきたメカニズムは完全に消えることなく、城中村という新たな「村」社会に潜むようになったのである。

以上をふまえ、本章では、民間信仰という側面から、都市部に現存する「村」社会の現状を把握する。具体的には、深圳の城中村を事例に、農村から城中村へと転換された都市化プロセスを概観し、城中村に残っている祠堂と廟を通じて「村」社会における民間信仰の機能の変容を浮き彫りにしたうえで、都市化が農村社会にもたらした影響を明らかにする。そして最後に、中国都市部の「村」社会の存続について検討する。特殊ではあるが、このように、深圳の城中村から、改革開放後の中国における圧縮された都市化の一側面をとらえることができると考える。

2. 城中村の誕生──深圳の農村都市化を事例に

急速な都市化に伴い、中国の農村・地方では若年労働者の流出により過疎化が進み、数多くの農村が廃村となった。その中で、都市部に位置する農村、もしくは都市の周辺にある農村の都市化が進み、前者の多くは「城中村」と呼ばれている。城中村は、1990年代以降に大、中都市にみられるようになり、新たな都市空間現象として登場した。

従来の研究では、北京と珠江デルタの城中村に関するものが多く、その中で、同じ地域の出身、つまり同郷同士の集団生活をみることができる。例えば、北京にある「浙江村」（王ほか 1997）、「河南村」（唐・馮 2000）、「新彊村」（楊・王 2008）などが知られており、同じ出身地の出稼ぎ労働者の密集居住地域が注目されている。珠江デルタにも、類似の同郷移住者コミュニティがあり、深圳の「平江

村」（劉 2001）などがそれにあたる。このような「村」は，都市化によって改造されるが，それまでは，出稼ぎ労働者にとっては重要な「過渡地域」である。

　城中村の形成からみれば，深圳の城中村は，広州の城中村と類似しているが，北京の「浙江村」，「河南村」，「新疆村」のようなところとは異なる。そもそも珠江デルタ（主に深圳と広州をさす）の城中村と北京の城中村の規模は異なっており，前者の大部分は1つの村落からなり村本来の名前で呼ばれ，後者は幾つかの村に同じ出身の人が集まっており，その地域は「X（出身地名）村」と呼ばれている。

　以下，まず城中村の特徴についてまとめ，次に深圳を中心に，都市における城中村の形成過程を概観する。

2-1 城中村の特徴

　李培林の広州での研究によると，城中村はおよそ（1）「繁華な市街地にあり，すでに全く農地がない村落」，（2）「市街地の周辺にあり，まだ少し農地が残っている村落」，（3）「遠い郊外にあり，まだ比較的多くの農地が残っている村落」という3つのタイプに分けることができる（李 2006: 166）。農地の全部あるいは大半が収用されるが，離農した農民のほとんどは居住民として元の村落に居住している。

　このような農村的要素と都市的要素の混合した地域社会は，都市へ移動した出稼ぎ労働者の受け皿として大いに機能してきた。これは，急成長中の都市側からすれば流入した労働力のための住居を大量に新築する必要がない，また出稼ぎ労働者側にとっては農村的要素が存在することから住みやすい，といったメリットが挙げられる。環境衛生や治安などの問題もあるが，城中村は，都市移住者に安価な住居を提供し続けており，都市部の製造業やサービス業に必要と

される労働力の確保に役立っている。

また，後述するように，離農した村民の土地への依存は，農作業による依存から土地に建っている賃貸住宅に対する依存へと変わり，それによる家賃収入は彼らの主な収入源の1つである。それに加えて，旧村落の集団経済からの配当も大多数の村民の収入源となる。

しかし，城中村の存在はすでに都市部のさらなる発展の障害になっているため，近年，各地の大都市では城中村に対する再開発が進められている。それにより，城中村の農村的要素が次第に消えていき，完全なる都市社区へと変わりつつある（連 2016a）。

2-2 深圳からみた「村」社会の形成

経済特区の1つとして知られる深圳は，中国の急速な都市化を代表できる都市といえる。本来は小さな農漁村地域に過ぎなかったが，深圳は他地方からの労働人口の流入により都市として形成され，現在では，北京，上海，広州に次ぐ大都市へと成長した。

深圳の常住人口は，1979年の31.41万人から2017年の1,252.83万人に上り，うち戸籍人口も31.26万人から434.72万人まで増加したが，常住人口に占める割合はわずか34.7%である[5]。常住人口と流動人口とを含んだ総人口については，2010年の人口センサスでは1,322万人に達しており[6]，そして2013年にはすでに1,800万人を超過したと言われている[7]。このように，増加した人口のほとんどが外来人口であるため，「移民都市」とも呼ばれる。

深圳の急成長は，農村の都市化を伴っている。そのプロセスについては，以下の3段階にまとめられる（深圳経済特区研究会ほか 2008: 228-233）。

第1回の農村都市化（1982～1991年）

特区内の発展を遂げるために，深圳政府は1982年から農村に対

する土地収用を実施し始めた。政府からの補償金と優遇政策を利用し，多くの農村は，集団経済として「三来一補」[8]企業を創設した。それに伴い，離農した農民の多くが，村の企業で働くようになった。1983年7月，当時の人民公社は区に転換され，全部で21区があった。1986年10月，「区・郷」という行政単位が「鎮・村」になり，同時に鎮の人民政府と村の村民委員会が成立した。

1983年，深圳に最初の農村株式合作経済が現れた。土地収用で発生した補償金を使用した集団投資と村民たちの個人投資によって，新型株式合作企業が形成された。1988年，村の共有財産は株として転換され，30〜40%の共有株を残し，残りは村民の年齢や村に対する貢献度などを考慮し分配される仕組みがつくられた。それと同時に，株主総会と取締役会が設立された。1991年まで，当時の深圳全域では，行政村の52%（92村）と自然村の75%（341村）は，こういった企業を経営し，その数は1,352に達していた。

第2回の農村都市化（1992〜2002年）

1992年，「関于深圳経済特区農村城市化的暫行規定」などの法案の公布により，2回目の農村都市化が幕を開いた。同年，特区内の行政村（68村）はすべて都市社区に変身し，100の居民委員会が設立された。その過程で，4.5万人余りの農民は都市市民となった。

2000年の年末まで，89.8%の行政村（194村）と88.8%の自然村（922村）が株式合作制経済に携わるようになった。株式合作企業の株を持つ者の割合は，農村人口の94%（20.22万人）であった。当時，年間の平均配当は3,276元で，1人当たりの年間総収入の35.3%を占めていた。

第3回の農村都市化（2003年〜）

2003年から，深圳政府は当時の特区外（宝安区と龍崗区）に対し

て本格的な都市化を進め始めた。2004年に公布された「深圳市宝安龍崗両区城市化土地管理方法」では，土地の国有化による補償方法などが詳細に規定されている。同年9月，深圳最後の2つの農村（宝安沙井民主村と福永塘尾村）に社区居民委員会が成立したと同時に，深圳は全国初の農村がない都市となった[9]。2005年の年末までに，特区外の18の鎮が19の街道に変わり，218の行政村が廃止され社区居民委員会が設立された。それにより，特区外に住む農民は一斉に都市市民に転身した。2005年，両区の集団所有の土地はすべてが国有化され，同時に補償金が支払われた。

このように，農村の都市化を経て，深圳にあった村落の多くは城中村というかたちとして残っている。行政単位ではないものの，「城中村」という用語は深圳政府が出した政策にも使用されている。例えば，2004年に実施された「深圳市城中村（旧村）改造暫行規定」では，「城中村（旧村を含む）」を，深圳の都市化過程に元農村集体経済組織に属する村民，村営企業のために保留した非農業的建設地からなる既成市街地と定義している。こうした城中村は非農業化を経ても独自の社会的ネットワークを持っており（藍 2003；李 2004），それが都市社区という行政単位では示されない特徴である。

現在の深圳では，商業が発達している城中村が多く，その村落としての外観は基本的にはみられないが，「村」によっては農村的要素の強い象徴的な建物も残存している。例えば，「○○村」と書かれた石の門（牌坊）がある。そのほとんどは，1990年代初期の第2回農村都市化期間に建てられたものであり，一般的に言われている城中村の正門にあたる。それ以外にも，祠堂や廟のような伝統的建物もみかけられる。これらは，村社会を統合する機能を持つ民間信仰に関連する祭りやイベントなどが行われる重要な場所である。

3. 村社会における民間信仰の意味——「宗族信仰」と「神明信仰」を中心に

改革開放政策が実施されるまで，宗教や民間信仰に関する祭祀活動などが厳しく禁止されていた。1980年代以降，その復興は進められてきたが，それぞれが持つ機能に変わりがあったととらえられる。例えば，村落の都市化は，宗教信仰の衰退をもたらす可能性があるが，場合によっては一部の宗教の復興・発展を促すこともありうると言われる（劉 2007）。また，民間信仰が村落共同体を統合する重要な力の1つであると言われつつも，復興後は国家や市場経済からの影響も入るようになったという指摘もある（楊・詹 2014）。

中国の民間信仰は，古くから庶民の精神面での支えとなっており，それは，彼ら自身の心理的な需要と日常生活での需要から生まれてきたものである。民間信仰には迷信と俗信が含まれており，前者では精神観念の極端化によって倫理や俗習に逆らうという特質があり，対して後者は呪術や宗教と関連し，長期間にわたり習わしに溶け込んだ正常かつ良性の民間信仰である（陶・何 1998）。

民間信仰では，祖先崇拝が最も重要な内容であるが，本章で扱うのは，主に「祠堂を中心とした宗族信仰」と「廟を中心とした神明信仰」である。

3-1 宗族信仰

中国の伝統社会を構成する基礎となる宗族は，幅広い社会的機能を持っており，家族や聯宗（同姓宗族の連合）と類似した組織である（周 2016）。それぞれは父系継承，祖先に対する共通した認識によって結合され，族譜や祠堂およびその財産，共同の儀式といった特徴を有するという。

宗族の定義は多様であり，基本的には，(1) 共同の血縁関係を

持つ，(2) 特定の区域内に居住する，(3) 共同の財産を持つ（例えば，祠堂，「義田」もしくは「学田」)，(4) 祖先崇拝の儀式がある，(5) 宗族観念を持つ，とされる（周 2006)。

宗族は，さまざまな機能を持ち，それは祠堂を通じてみることができる[10]。イギリスの社会人類学者 M. フリードマン（1958=1991）の研究からもわかるように，宗族文化の強い広東省と福建省では，農村・地方を中心に依然として多くの祠堂が残っている。林暁平（1997）によると，古代の中国から，先祖を祀るのは当たり前のことだが，廟を建てるのは君主や貴族の特権であった。庶民の住むところに祠堂が現れたのは宋代からだと言われる。祠堂の数は，明朝に入ってから急増し，そして清朝期にピークに達した。宗族文化を継続する場として，祠堂は大きな役割を担ってきた。それは祖先祭祀の場であるほか，村落の重要な行事が行われる場でもある。宗族文化の存続は，村落社会の伝統文化の維持に大きく寄与している。

では，農村ではなくなった城中村には，宗族信仰は残っているだろうか。周大鳴によれば，宗族の空間分類には村落宗族と都市宗族があり，従来の宗族研究では前者を中心に議論されてきたが，後者に関する研究も必要となってきている（周 2016)。都市宗族では，城中村宗族が一般的であるという。

城中村の宗族に関する研究を概観すれば，全体的に，宗族組織の影響力が弱まりつつあることがわかる。例えば，周大鳴・高崇の研究によると，急速な経済発展や外来人口の転入により，広州にある南景村の宗族組織が衰退の危機に直面している（周・高 2001)。孫慶忠はさらに，都市部の宗族は最終的にはその終焉を迎えると述べている（孫 2003)。しかし彼らは，長期にわたって形成された宗族意識や親族間の互助関係は依然として村民の中に存続すると補足している。実際，宗族の基礎となる部分が，都市化を背景とした社会変動による影響を受けるものの，宗族は伝統的な生活・生産様式と

ともに完全に消えたわけではなく，それは新たなかたちとして都市社会に残っている（田・孫 2007）という事例もみられる。

3-2 神明信仰

宗族信仰と同様に，神明信仰も民間信仰の重要な一部である。「神明」と呼ばれる神様の原型は，生前に社会に大いに貢献し徳を重ねた歴史人物と，人びとが心理的に怖がる戦争や疫病などで不慮の死を遂げた幽霊との２種類に分けられる。信者たちは，基本的には，自分が解決できないことを神明の力を借りて解決しようとしたり，また神明の加護を求めようとしたりする。そうすることにより，彼らは精神的な安心感を得ている（林 2010 を参照）。

宗族の活動に参加できるのは宗族成員に限られることに対し，神明を祀る廟の活動への参加は村全員，さらに外部の者でも可能となっている。もちろん，農村・地方の廟は当該地域の住民が利用するのが一般的である。従来の農村・地方では，廟を中心とした行事が組織的で，村民たちの参加率は高い。例えば，甘満堂は，廟を中心とした儀式とイベントなどの面から村廟の機能を肯定し，廟で行われる神明信仰が組織のある信仰であると述べる（甘 2007）。

実際，宗族信仰より神明信仰の村社会に対する影響が大きい地域もある。例えば，林拓によれば，清朝期の「遷海令」[11] 廃止後，沿海地域の家族組織は主に地縁関係によって構成されるようになり，そのため，共通の神明信仰が組織内部にある「異宗」・「異姓」同士を連携する重要な紐帯となり，そして神明を祀る廟は「異姓」の村民をまとめる「総祠堂」のような役割を果たしている（林 2007）。

もちろん，広東・福建では宗族と村落が重なることが多い，すなわち両地域では単姓村が一般的であることは，フリードマンの『東南中国の宗族組織』（1958=1991）から読み取れるが，広東省東部の豊順県にみられるように，多姓村から統合された単姓村も実存する

（曽 2002）。また，筆者の広東省潮州地域でのフィールド調査から，複数の単姓村が同一の神明を祀り，さらに共同で大きなイベントを開催する事例も見受けられる。こうした現象は，農村地域であった城中村の密集地域にも確認できる。例えば，広州にある多くの城中村では，猫崇拝による「拝猫」活動が盛んである（儲 2012）。このような神明信仰は城中村という枠を超え，1つの大きな地域での民間信仰として影響力を持っている。

城中村の神明信仰について，李培林の広州の城中村（「羊城村」という総称で表記されている）に対する研究によれば，「羊城村」の村民はさまざまな神明を祀る傾向があり，1つの村に儒教や道教や仏教に加え，土地神，福の神および関帝が祀られることもある（李 2004）。伝統の農民にとって，土地は生計になくてはならない存在であるため，宗族信仰のような祖先崇拝と同様に，土地への崇拝は彼らの信仰の重要な一部であり，土地崇拝は金銭崇拝と深く関連しているという。例えば，土地に建っている住宅への依存も土地崇拝の1つといえよう。

全体的にみれば，城中村の民間信仰を含む伝統文化は，都市化からの影響を受け衰退しつつあるが，依然として何らかの役割を果たしている。その現状について，次に，深圳にある城中村の実例からみてみよう。

4．都市における「村」社会の現状——深圳のSG村を事例に

前述したように，1980年代以降，急速な経済発展と大量の移住者の転入により，深圳の村社会は大きな影響を受けた。村民は離農して，出稼ぎ労働者向けの住宅マンションを建て始め，また土地収用によって得られた補償金を利用し多くの村では株式合作会社を立ち上げ，結果として村民の多くは農業から離れても家賃収入と合作

会社からの配当で生活を維持できた。農村から城中村への転換過程において、村民たちの生産様式が大きく変わり、それに伴い、彼らの生活様式も変化を遂げている。

現在、深圳にある城中村のすべてが都市社区となったが、従来の村社会に一般的にみられる祠堂や廟のような伝統的建築が残っている城中村は少なくない。以下、SG村を事例に、都市部の「村」社会を概観する。

4-1 SG村の概況

SG村は、深圳市羅湖区に位置する農地が全くない城中村である[12]。面積は約8万m^{2}であり、建築物は217棟がある。常住戸数8,288戸、総人口20,555人、うち戸籍人口925人、非戸籍人口19,630人(2013年)。換算すると、SG村の非戸籍人口の割合が95.5%で、深圳市全域の70.8%(羅湖区では42.8%)より遥かに高い。居民委員会の主任によると、村民は約600人、うち9割がH姓であるという[13]。

1980年代初頭まで、農業に従事する村民はまだ存在していたが、多くの人は離農した。1981年、SG村で最初の「三来一補」形式のニット工場が創設された。当時の「SG大隊」と香港からきた商人との商談を経て合意した結果である。その後、ハンドバッグ、「五金」[14]、プラスチックを生産する工場も続々と建てられ、古い家屋を縫製工場として使用するケースもあった。人民公社の解体に伴い、1984年初頭、「SG大隊」は行政村に変わり、同年末、SG村の党支部と村民委員会のもとで、「SG企業公司」が設立された[15]。このように、離農した村民は次第に工場や「SG企業公司」で働くようになり、結果としては、SG村全体の経済収入も村民たちの収入も大幅に上昇した。

それに加え、外来者に住居を提供することによる家賃収入も村民

たちの主な収入源の1つである。とりわけ1987年と1991年に2回にわたる「新村」建設による新築住宅の増加により、家賃収入を得られる村民が増加した。さらに、2000年頃の増築ブームを経て、戸ごとの持ち家屋が増え、それによる家賃収入だけで生計を立てている村民は少なくない[16]。

現在、SG村の建物の大部分は7階か8階建の中層住宅で、計画的に建てられたものである。その多くは、2階以上を一般住宅として都市移住者に賃貸しており、1階は飲食店、雑貨店、理髪店、市場などの店舗が入っている。正門の周辺にある道路に面している建物は、ビジネスホテルや大型飲食店となっている。そのほか、SG村では、小学校、幼稚園（2つ）、旧跡、祠堂、廟などの施設も充実している。

SG村の旧集住地は3か所あったが、現存しているのは、約600年の歴史を持つ旧跡だけである。旧跡に住んでいた村民たちは、1980年頃から1983年まで続々と転出し、旧跡周辺の「新村」に住宅を建て始めた。代わりに出稼ぎ労働者が旧跡に住み始め、それは2005年3月まで、旧跡が文化財として完全に保護されるまで続いた。現在、SG村管轄の住宅区は、主に「SG新村」、「SGビル」、「TX楼」、「CH楼」、「SG綜合楼および附楼」、「回遷楼」[17]という6つの部分からなる。

SG村という地名に「村」が付いているが、行政上ではすでに村落ではない。1992年、特区内の農村都市化と同時に、「SG村民委員会」は「SG居民委員会」に転換され、それを経て、SG村は1つの都市社区になったのである。2002年、「SG居民委員会」は「SG社区居民委員会」に改名され、現在に至っている。さらに、2005年、SG社区工作センターが増設された。社区居民委員会は、自治組織として住民の意見を反映させる機能を持ち、また議事機関とも位置付けられている。社区工作センターは、「議行分設」

の理念に基づいてつくられ，街道弁の指導による国家行政組織であり，執行機関として社区居民委員会に出された政策を実行する役割を持っている。

4-2 SG 村の伝統的建築

「元勲旧址」

元勲旧址は，SG 村に存在する旧跡である。明朝の建国に大きな功績を残した元勲である HZ の四世孫 HYL が，HZ の住んでいたところを改築し，「元勲旧址」と名付けたと言われる。600 年余りの歴史を持つ元勲旧址は，深圳に現存する最も完全な「嶺南広府圍寨建築」である。元勲旧址の面積は約 6,000 m^2，完全閉鎖的な構造を持つ。正門の前に護城川があったが，現在は広場となっている。現在の元勲旧址は，現代的なものに囲まれ，周辺には中高層ビル，鉄道，高架橋などがある。1988 年に深圳市の文化財として保護されるようになり，また 2002 年に広東省の文化財と認定され，深圳市羅湖区内唯一の省レベルの文化財となった。1981 年まで，村民たちは久しく旧跡に住んでいたが，彼らが外へ引っ越した後，代わりに出稼ぎ労働者が旧跡に住み始めた。しかし，文化財として保護するため，元勲旧址の中は 2005 年 3 月より居住禁止となっている。旧跡内の家屋を所有する村民には，政府からの補償金が毎年支払われている。

祠堂

SG 村は H 姓からなる単姓村であり，村には H 姓の祠堂が 1 つある。H 姓一族は，安徽省廬江の出身であり，北宋末に南雄珠璣巷に移住し，その後，宋末に東莞市へ，明朝洪武年間より SG 村に定住している[18]。H 姓のほか，改革開放前から SG 村に移住した村民もいるが，その数は少ない。SG 村での居住期間が比較的短く，

また別姓も多いため、彼らは祠堂を持たない。

1996年、吊り橋の建造のため、SG村南部にある一部の土地は深圳政府に収用された。それにより、SG村の旧祠堂が壊され、移転された。新しい祠堂は、村民たちからの募金によって建てられた。募金は自らの意思で行われるはずであったが、金額はあらかじめ決まっており、H姓村民から戸ごとに1万元を集めたという。結果として、十数戸を除き、大多数のH姓村民が資金を出した。

廟

SG村には2つの廟がある。旧跡の中にある「神庁」と、旧跡のすぐ隣にある「天后宮」である。

神庁は旧跡の中に位置する。正門の石碑に書かれている内容によると、神庁は旧跡とほぼ同じ時期（約600年前）に建てられたが、後に倒れて1980年代に1回修繕され、1999年に行われた2度目の改修工事とともに土地神（土地公と土地婆）が増設された。

天后宮は、媽祖と呼ばれる航海・漁業の守護神を祀る廟である。昔の天后宮は旧跡の北東部にあったが、1999年に現在地（旧跡の隣）に移転した。旧天后宮の築年数は旧跡よりやや遅く、長い歴史を持っている。新しい天后宮は、祠堂と同じく、村民からの募金（戸ごとに1万元）で建てられた。中には、媽祖の仏像だけでなく、廟内の両側に他の神明の仏像も数多く設置されている。

5.「村」社会にみる民間信仰の変容 —— SG村の祠堂と廟を中心に

従来では、民間信仰に関する研究は、村落社会を対象としたものがほとんどであり、都市部でのそれについての研究は極めて少ない。しかし、深圳のように、大きな影響力を持つ城中村を抱えている都

市は多く存在しており，こうした都市にみられる民間信仰は無視できない。例えば，周大鳴（2016）が重要視する都市宗族がその1つである。本節では，SG村の祠堂と廟を通じて，その宗族信仰と神明信仰の現状を描き出す。

5-1　SG村の祠堂と宗族信仰

1950年代以降，農村社会に対するさまざまな改革は，農漁村であった深圳における宗族組織の分裂・崩壊を加速させた。大躍進運動と人民公社の成立によって農村の生産様式は大きく変わり，同時に伝統文化の弱体化がみられた。また，文化大革命から受けた影響はとくに大きく，当時は民間信仰に対する撲滅運動があった[19]。そのため，祠堂での伝統行事は禁じられるようになり，それは改革開放まで続いた。程瑜ら（2010）の研究からそれをうかがうことができる。

程瑜らは，深圳市龍崗区布吉街道にある客家村（樟樹布村）を事例に，農村の都市化について論じている。それによると，樟樹布村では客家の宗族文化と伝統的行事が継承されてきたが，衰退しつつある。その1つの原因は，宗族を統合する機能を持つ祠堂の不在であるとされる。文革期に樟樹布村の祠堂が壊されたため，村民の間を繋ぐ媒体がなくなり，それによって村民たちの宗族意識が弱まったのである。そもそも，祠堂の機能が衰退しはじめたのは，新中国成立直後に行われた土地改革以降であると言われる（程ほか2010）。

SG村も同じような打撃を受けたことがある。SG社区居民委員会の主任と村民の話を聞くと，昔の祠堂は一時期は村の小学校として使われていたが，その後はほぼ放置状態に陥り，参拝へ行く人はほとんどいなかった。そのため，祠堂の存在感が薄れる一方であった。

文化大革命など政治からの抑圧があったほか、経済による影響も大きい。深圳では、経済特区に指定されるまで住民の多くが生活に困窮していたため、一部の村の祠堂や廟はすでにその機能を失っていた。村民の話によれば、昔は農作業で忙しく日々過酷な生活が続いていたので、祠堂での行事をやる余裕がなかった。実際、貧困から脱出するために当時は香港や海外へ移民した人が多かった。

　新中国成立後から改革開放までの30年間、SG村は深圳にあるほかの村落と同じように、香港への避難が3回あった[20]。3回の「逃港潮」（香港への不法移民ブーム）を総じてみれば、改革開放前、計200名以上の村民がSG村を離れたことがわかる[21]。現在の村民人口（約600人）と、当時逃げた村民の大多数が青年や壮年だったことから考えれば、「逃港潮」のSG村に対する影響は多大であったことが読み取れる。例えば、SG村に嫁いだCさんの語りから、当時深圳の農村地域における「男性不在」がうかがえる。

　　「父の実家（龍崗区）にいた時は、3年間農業をしていた。天日干しや田畑を耕す作業など、全部やったことがある。当時の農作業はだいたい女性の主な仕事、男性の大半は香港へ出稼ぎに行っていた。SG村に来てからも、またずっと農作業。当時はみんな貧しくて、SG村からもたくさんの人が香港へ逃げていった。」（Cさん、女性、80代）

　その影響によりSG村の貴重な労働力が減り、祠堂の復興に必要とする力も間接的に奪われた。とくに宗族文化は、基本的に男性が主導するため、男性の流出はその維持に多大な影響を及ぼしたと考えられる。少なくとも、その後継者や担い手の不在が大きな問題である。そのため、民間信仰の復興期においても、SG村の動きはほとんどみられなかった。宗族意識が弱化した証として、祠堂の移転

が挙げられる。

　前述したように，SG村の旧祠堂は，1996年に政府による土地収用のため壊された。ある村民によると，そもそも老朽化した旧祠堂への愛着が薄く，反対する人は少なかった。1999年に新築された祠堂は，旧祠堂と比べて大きくて立派になったが，いわゆる伝統的な祠堂とは異なっている。というのは，祠堂は祖先崇拝の重要な場所であり，そこには各世代の祖先の位牌が置かれるのが一般的であるためである。SG村の祠堂は廟に近い内装をしており，奥に置かれているHZの像も仏像のようなものである。

　現在，SG村では戸ごとに「家神」（祖先・亡くなった家族の位牌）が祭られているため，祠堂へ参拝に行かなくてもよいと思っている村民が多い。実際，SG村の祠堂は，改革開放前からすでにこのようになっていた。昔の祠堂にもHZの像しかなく，村民が亡くなっても遺体は祠堂に置かず，葬式までは家に置くという。

　筆者がはじめてSG村を訪ねた2010年の年末から2012年の年末まで，祠堂がほぼ毎日閉まっていた。それ以前は，3人の中高年村民がボランティアで祠堂の警備と掃除を担当していた。その時，一部の村民はたまに祠堂へ参拝に行っていたが，門番の人がいなくなってから，行かなくなった。その後，一時期に祠堂が毎日開くようになったのは，「SG公司」が門番を雇ったからであった。しかし，現在，祠堂の開閉時間はまた不確定となっている。

　祠堂の機能の衰退は，教育の面においても見て取れる。2012年の年末まで，祠堂の一部は，図書室と学生向けの宿題室（「4時半学校」）が設けてあったが，現在は別のところへ移転した。それにより，祠堂の教育に関する機能が完全になくなった。

　現在SG村の祠堂は，ほぼ娯楽の場となっており，たまに祠堂の中でマージャンをやっている村民と，テレビを見ながら雑談している村民を見かける。「祠堂の中でマージャンをするのは，先祖の

前では負けを認めないことはできないからだ」とCさんは述べる。村民だけでなく，祠堂の前でトランプをする外来者もたまにいる。

　しかし，SG村の祠堂が完全にその機能を失ったというわけではない。村民たちの宗族意識が強いとはいえないが，少なくとも祠堂の再建から，宗族文化を守ろうとする姿勢がうかがえる。現在，SG村全体の年中行事は，年に1度の祖先祭祀のみとなっているが，海外や香港へ移住した村民の多くはそのためにわざわざ帰ってくる[22]。この1年に1度の行事は，重陽節頃に行われている。

　重陽節は，旧暦の9月9日だが，SG村ではその前日の8日に墓参りに行く[23]。当日は，早朝から男性の村民代表が祠堂で参拝してから，SG村からそれほど遠く離れていない山へ向かい墓参りし[24]，そして夕方頃に他の村民たちも元勲旧址前の広場に集まり食事をする。これがSG村の祖先祭祀の一連の流れである。慣例では，女性は墓参りに行くことはできず，また墓参りから村に戻ったあと村民たちが集まって「盆菜」[25]を食べる際も参加できないはずであったが，近年では女性も「盆菜宴」に参加できるようになった。ただ，墓参りは相変わらず男性に限られている。毎年の宴会に出席する人数は，約500人であり，現在では女性の参加比率が高い[26]。

　SG村の祖先祭祀は，主に香港へ行った村民の力と出資によって継続できている。実際，祭祀に使用される費用は，香港在住の村民の共同出資で建てた「TD楼」の賃貸料で賄っている。それは，SG村は合作会社の経営不振のため経済状況がよくなく，対して香港に住む村民の一部は経済的に余裕があったからである。このように，宗族という血縁関係により，遠く離れた村民同士がなお結ばれている。たとえ村民たちの宗族意識が薄まっていても，伝統的な祖先祭祀が継続される限りでは，その関係は解消されないと思われる。

5-2 SG村の廟と神明信仰

神明信仰も，1970年代末までは禁じられていた。祠堂と同様に，SG村の廟も衰退しつつある。元勲旧址の中にある神庁は，1980年代までは老朽化が進み，ほぼ廃屋になっていたため，参拝客はほとんどいなかった。旧跡の中に住んでいた村民によれば，昔の神庁の前は雑草が多く，雑草の周辺にたまに線香がささっており，それを見て子どもたちが怖がっていた。そもそも，それが廟であることすら知らない人も多かったという。また，旧跡北東部の鉄道沿いに位置していた旧天后宮についても，以前から，そちらへ参拝に行く人は少なかったと言われる。

このように，村民の廟への参拝頻度の少なさから，彼らの神明信仰は改革開放前からすでに弱まっていたといえる。一般的に，生活に困窮する農民が，神明からの救済を祈るために廟へ参拝しに行くことが多いが，それをしなかった，あるいはできなかった理由は，やはり政府による規制が厳しかったからと考えられる。とはいえ，SG村での神明信仰が完全に消失したわけではない。それは，神庁の修繕や天后宮の新築などの動きを通じて知ることができる。

1980年代，民間信仰の復興が進行する背景の中で，SG村の幹部と民衆が出資し，老朽化した神庁を修繕した。「気候が順調で作物がよく成長するように」，また「国が安泰で民は平穏であるように」を願うために，正面の石碑には，「風調雨順，国泰民安」，「太平盛世（よく治った世の中）」と刻まれている。それと同時に，土地神（土地公と土地婆）が増設されてから，廟としての神庁が正常に機能するようになった。新たに土地神を神庁に入れた契機として考えられるのは，農民であった当時の村民たちの土地への依存がなお強かったからであろう。それ以降，1999年には，神庁に対する2度目の修繕工事が行われ，現在に至る。

同年冬，天后宮が現在の場所（旧跡の隣）に移転された。それも，「SG公司」の主導と村民たちの出資によって建てられたものである。新しい天后宮は，神庁に比べ大幅に広くなっており，中には，「媽祖」だけでなく，「財神」（蓄財招福の神）などの神明も祀られている。新築の祠堂と同様に，新築の天后宮にも門番が付いている。
　しかし，廟を修繕・新築しても，実際参拝しに行くのはごく一部の村民に限る。廟へ参拝に行かないことについて，村民のCさんはこう語る。

　「私は老囲（現在の旧跡）に住んだことがなく，その中の廟はあまり知らない。普段も参拝に行かない。天后宮のほうは，自分もお金を出したから，竣工後はたまに行ってたけど，今は行かない。実は，村民たちは外で神様を拝むことは少ない。みんなの家には家神が祀られているからね。私の場合，毎日の朝晩は必ず線香をあげている。旧暦の1日と15日のときは，特別に供え品を買ってくる。」（Cさん，女性，80代）

廟へ行く村民は少ないが，まだ数人いる。Bさんはその中の1人である。

　「旧跡の中に神庁があるので，旧暦の1日と15日は線香をあげに行く。天后宮のほうにも同じ日に行く。ちょうど旧跡の隣にあるから，近い。今は，私と数名の村民以外，みんな（他の村民）は全然廟へ行かない。ある村民がこう言った。もう老囲を出たから，戻らないほうがいいって。何の理由か分からないが，確かにそう言ってた。我々一家は旧跡に暮らしていたし，子どもたちはみんな旧跡の中で生まれたから，別に戻って線香をあげるぐらいは全然問題ないと思う。今日はちょうど旧暦の

6月15日なので，午前中はもう神庁と天后宮に行ってきた。」
（Bさん，女性，80代）

Bさんがいう「ほかの村民は旧跡に戻りたがらない」という原因として考えられるのは，旧跡の住環境が悪く[27]，村民たちは貧困だった時の経験が思い出されるからであろう。実際，旧跡に住んでいた村民の大半は1980年代初期に旧跡を離れ，引越し後の住居は旧跡の住環境よりよくなっている。その後，旧跡では代わりに出稼ぎ労働者が住むようになり，村民たちは家賃を徴収していただけで，旧跡への愛着が薄くなりつつあった。また，文化財に認定されて旧跡内での居住は禁止された結果，実際政府からの補償金があるとはいえ，それによって村民たちの収入は減少したのが実情である。

以上から，村民たちは廟へ行かなくなり，その神明信仰も薄まっていることがわかる。しかし，SG村の廟は単なる飾り物となったのだろうか。甘満堂によれば，福建の「社区村廟」の信者のほとんどが社区内の住民（村民）であり，社区外からの参拝者は村廟とは直接的な関係をもたない（甘 2007）が，実際，SG村在住者の中で，外からの移住者が圧倒的に多く，うち大多数が農村・地方の出身である。こうした移住者の中で，頻繁に廟に通っている者もいる。それが，潮州人[28]である。

潮州人がSG村に流入したのは，1980年代初期以降である。当時，旧跡の中では多くの潮州人が暮らしていたとLさん[29]は述べる。現在でも，依然として数多くの潮州人がSG村に住んでおり，その多くはSG村にある市場で精肉店，鮮魚店，青果店などを経営している。SG村だけでなく，廟のあるところには必ず潮州人がいるということは，筆者の深圳でのフィールド調査から読み取れる。

では，潮州人はどのようにSG村の廟を利用しているのだろうか。以下，神庁を中心にみてみよう。

2005年から、文化財保護という理由で旧跡は立ち入り禁止のはずであるが、旧跡の中の神庁への参拝は許されていた。しかし、それが、2012年の年末から制限されるようになった。旧跡の正門に付属する家屋に住んでいたLさんによると、神庁の無管理状態を変えようとするために、SG村に嫁いだ潮州系香港人とSG村在住の村民（H姓ではない）が旧跡正門のドアを常時ロックするように変え、防犯カメラも設置した。彼らがどのようにして神庁の管理者になったかについては、村民たちも知らないという。

　その影響を受け、現在の神庁は、旧暦の1日、15日および重大な祭日以外の日は立ち入り禁止状態となっている。それについて、廟に定期的に行っていた村民は苦言を呈しており、例えばBさんは、「あの2人のやり方はひどいのよ。今は自由に旧跡に入れなくなった。不公平だ。（中略）H姓の村民たちは廟には関心がなく、参拝に行かないから、神庁の管理権はそれで奪われたのよ」と不満を口にした。

　一方で、潮州人たちにとって、その影響はそれほど大きくない。まず、神明信仰の強い潮州人の家では、神棚が設けてあるのが一般的であり、彼らは廟に行かなくても家で神明を参拝することができる。ただし、家より廟のほうが見返りがよいとされる。そもそも、潮州人が廟へ行くのは、旧暦の1日と15日の時が多く、神庁の開閉時間と基本的に合致している。

　神庁の参拝客の中で、SG村在住の潮州人のほか、その周辺に住む潮州人やSG村を離れた潮州人もいる。その大多数が、既婚の潮州人女性である。神庁で祀られている土地神が願い事を叶えてくれるから信じているという人が多い。それに比べ、天后宮へ行く人は比較的少ない。これは、以前から旧跡の中に多くの潮州人が住み、神庁を知っている人が多く、対して天后宮が1999年に新しく建てられ歴史が短いことと関係している。また、媽祖崇拝より、土地

神への崇拝がより日常生活とかかわりがあるとも考えられる。実際，潮州人は商売志向が強く，その多くは自営業に携わっており，李培林（2004）が述べるように，土地崇拝が金銭崇拝と深い関連があるからであろう。

結果として，神庁へ参拝しに行くのは，潮州人が大多数である。普通の村廟とは異なり，神庁の運営には村民の参加がほとんどみられない。また，「SG公司」とSG社区居民委員会からの補助がなく，神庁に使用する資金は，ほとんどを参拝客からの賽銭で賄っており，神庁の掃除も参拝客の協力で行われている。天后宮のほうは，参拝客からの賽銭もあるが，基本的には「SG公司」が管理している。

以上から，深圳の伝統文化といえる本地人の宗族文化が，新中国成立直後にすでに弱まり始めたことがうかがえる。同様に，廟を中心とする本地人の民間信仰も衰退したままである。1980年代から，全国各地，とりわけ農村地域では宗族文化など迷信と思われていた民間信仰の復興が進行したが，農村地域であった深圳ではほぼ進んでいない状態にある。

もちろん，城中村に残存する祠堂と廟が全く機能しなくなったのではなく，その役割が変容したととらえられる。例えば，城中村の廟を頻繁に利用しているのは，潮州系移住者である。現在の廟は，「村」社会を統合する機能はなくなったが，潮州系移住者の信仰を継続させる場としての役割を果たしている。前述したように，一般公開されている廟であれば，必ず参拝客の潮州人を見かける。また，廟の近くで紙銭（神様や故人用のお金），線香，蝋燭などの参拝用品を販売する潮州人もいる。

それだけでなく，潮州系移住者の廟の利用は，「村」社会での神明信仰の存続とも関係している。SG村の住民構成をみれば，潮州人の数は元村民より遥かに多く，しかもその多くはSG村の商業を支えており，「村」社会にとっては重要な存在である。SG村に住

む潮州系移住者の間ではコミュニティが形成されておらず，その信仰も家族を単位に継続されているが，結果としては，廟が持つ神明を祀るという機能は，基本的には，潮州系移住者の参拝行動によって保持されている。したがって，城中村の廟における神明信仰は，潮州人のような移住者によって異なったかたちで再構築されているといえる。

6. おわりに——都市部の「村」社会は終焉を迎えたか

　李培林のいうように，城中村としての「村」社会は終焉を迎えているが，その過程は複雑で決して簡単ではない。血縁・地縁，宗族，民間信仰，村の規約などによって構成される「村」社会は，単なる非農業化と工業化だけでは完全に都市化されることが難しく，重要となるのは，土地使用権への再考と社会関係の再構築である（李 2002, 2004）。このような推測が提出されて 10 年以上も経った現在，果たして都市部の「村」社会は終焉を迎えたのか。

　確かに，城中村の村落としての社会組織関係は都市化を経て衰退しているが，完全に消滅したとはいえない。村社会における集団経済の構造および土地の集団所有制は，城中村においても大きな影響力を発揮している。例えば，株式合作会社からの配当は，土地所有の権利を反映する分配制度に相当し，その中から，村落共同体の土地の集団所有が，株式合作会社という集団経済において再構築されたと解釈できる（周・闇 2009）。

　SG 村の事例からみれば，その「村」としての機能が衰退したのは，「SG 公司」という集団経済の経営不振が大きな原因である。それにより，村民の「SG 公司」への信頼が崩れ，結果として，「村」の統合役である「SG 公司」の機能が衰退すると同時に，村民たちの村への帰属意識が薄くなった。それは，佐々木衞のいう

ように,「中国の村の構成原理が『持ち寄り関係』」にあり,「持ち寄った財産が利益を蓄積することで,村の凝集力は高くなる」(佐々木 2012: 69) ということを反映している。実際,1980年代以降,各地における宗族の復興も,収入の増加など改革開放政策による経済的基盤があってこそ進んだのである (周 2003)。孫慶忠も,安定した経済収入は,宗族活動が継続されるもっとも重要な条件であり,しかもそれが宗族の存在と発展の基礎であると述べている (孫 2003)。これは,SG村の祠堂がその象徴的地位を失った主な原因である。廟をみても,村民の神明信仰が弱いのは,天任せのような不安定な生活から家賃収入による安定した生活に変わるとともに,神様への祈りの頻度が減ったからと考えられる。

もちろん,SG村では「持ち寄り関係」の再構築は3回あった。1回目は1980年代に行われた神庁の修繕工事,2回目は1999年に神庁に対する2度目の修繕と祠堂,天后宮の再建である。そして3回目は,2012年に始まった現金株の発行である。先述したように,2007年以降,「SG公司」からの配当がなくなったため,村民たちの収入は,もっぱら家賃収入となった。現金株の発行は対応策として出されたが,それによる配当は決して多くはない。結局,集団経済の不振が続く中,SG村の「持ち寄り関係」は再構築できておらず,かえって村民たちの(家族を単位とした)個人化が進む一方であった。

しかしながら,村民たちの生活様式は,依然として農村的要素が付随しており,とりわけ土地への依存が大きい。

村社会では,農民が最も重要視するものは土地であると言っても過言ではない。この認識は,とくに農業経験のある農民に深く根付いている。例えば,離農し農民工として働く農村出身者でも,土地による影響を受け続けている。それは,彼らは農地を最後の保障だと考えているからである。もちろん,農業経験を持たない,あるい

はその経験が少ない若年農民工の農地に対する帰属意識が薄れているが、多くの農村出身者は、都市へ移動しても農地の使用権を放棄していない。

同様のことは、深圳の城中村にもみられる（程ほか 2010；馬・王 2011）。深圳の農村都市化過程において、農地のほとんどは政府に収用され、残されたのは居住地だけであったが、村民たちにとって、それは決してデメリットではなかった。前述したように、改革開放が実施されるまで、彼らは貧しい生活に追われていた。農地の収用により、多くの村落は集団単位で莫大な補償金を手に入れ、それが城中村の株式合作会社の資本金となったのである。それ以降、城中村の居住空間にあたる土地もすべて国有化されたにもかかわらず、使用権は依然として村民たちが握っている。

現在、「SG 公司」の影響力が弱まったものの、「SG 社区居民委員会」と「SG 社区工作センター」の主要な役職を担っているのは依然として SG 村出身者である。居民委員会の選挙をみれば、およそ 2008 年まで、投票権があるのは村籍を持つ村民に限られていた。現在、条件を満たした場合、他地方出身の住民も投票できるようになっているが、投票者数は以前とほぼ変わっておらず、毎回 300 〜 400 人程度である。現状では、村民以外の住民は投票意識が薄く、そのほとんどが投票していない。つまり、目に見えない「内」と「外」の境界線が現在もなお SG 村にあり、それは「村」社会による遺物である。

結局、深圳にある多くの「村」社会はその終焉を迎えていない。それは、「村」社会の特徴の 1 つとされる民間信仰の変容からもうかがえる。すでに述べたように、「SG 公司」の経営不振および村民の祠堂と廟への利用状況からみれば、村民の宗族信仰と神明信仰は衰退の一途を辿っている。しかし、それだけでは彼らの民間信仰が完全に消滅したとはいえない。確かに、村社会であった頃と比べ、

村民たちが集まって伝統的な行事を行うことは極めて少なくなっているが，少なくとも毎年の重陽節頃に行われる祖先祭祀のような伝統行事と，各家での「家神」への崇拝から，村民たちの宗族信仰を確認することができる。神明信仰に関しては，廟への村民の活動参加はほぼみられなくなったものの，代わりに移住者の潮州人が廟を活用・運営していることがみられる。前述したように，それによって潮州人は都市部においても自分たちの信仰を継続させることができ，また「村」社会の廟も完全に衰退することなく存続し続けている。つまり，「村」社会の民間信仰は変容しつつあるも，何らかの方法で維持されていることがわかる。

現在の深圳では，本章で取り上げた SG 村とは異なり，投資による利益や再開発による補償金などで経済的に豊かな城中村は少なくない[30]。その中で，経済的に余裕があるほど，祠堂を中心とした祖先祭祀を重視するという城中村も実際にある。つまり，祖先祭祀に使用できる資金の差はあっても，行事自体は何らかの方法で続けられている。周大鳴が述べるように，宗族は社会的適応能力の高い組織であり，それは経済の現代化や社会の変遷によって消滅することはない（周 2003: 5）。というのは，宗族制度は復元力が強く，抑圧されることはあっても滅びることはなく，環境が許す限り再構成されるからだという。廟に関しても，基本的には，参拝客の潮州人からの賽銭によって運営されている。ただし，こうした祠堂であれ廟であれ，それぞれが旧来とは異なる機能を担うようになっていることに注意が必要である。これは，都市社会に適応するために辿り着いた結果ともいえよう。

結果として，従来の中国社会の基層構造の核となる郷土社会の文化は，都市化を経ても都市社会に浸透している。城中村の民間信仰だけでなく，都市移住者が都市社会に持ち込んだ地方文化も含まれている。本章で述べたような城中村を持たない都市でも，特徴的で

多様な地方文化の実践者である都市移住者が存在する限り，彼らの都市への影響は無視できないだろう（連 2016b）。

以上のように，中国の圧縮された都市化過程において誕生した城中村について，その経済的・政治的構造においても村社会の文化が取り入れられていることから，経済的要因を含めた，社会的・文化的側面からのアプローチが重要であるといえよう。

注

1 2011年に初めて50%を超え，51.27%に達していた（中国国家統計局より）。
2 ここで注意すべきは，都市部の常住人口には，都市戸籍を持たない農村出身者が多く含まれていることである。農村・都市の二元的構造を支えてきた戸籍制度の影響により，大多数の農村出身者は都市へ移動しても都市戸籍に加入できておらず，そのため，彼らは都市市民と同等の社会保障などを享受することができない。
3 発展途上国の都市化の主要な特徴として，(1)「農村人口の比率がずっと高い段階で早くも都市化の進行が加速され，先進諸国よりもずっと圧縮された過程として都市化が進行している」，(2)「都市人口が少数の都市に，とくに首位都市に集中してゆく傾向が強い」，(3)「都市化が工業化に先行している」という3つの点が挙げられ，それぞれは「圧縮された都市化」，「首座都市化」，「過剰都市化」と呼ばれる（山崎 1987: 11）。
4 「村改居」とは，「農村の行政村を都市の社区に変更し，あわせて村民委員会を住民委員会に改組することを意味している」（田中 2011）。
5 ここでいう常住人口とは，基本的には当該行政区に半年以上居住し，かつ住民登録をした者をさす。各年のデータは，『深圳統計年鑑2018』を参照。
6 深圳の人口について，一般的に公表されているのは常住人口だけであるが，2010年に実施された人口センサスのデータでは総人口が公表されている。
7 「深圳人口已超1800万 将提高非深戸籍人員辦証門檻」，『南方日報』，2014年6月26日。
8 「三来一補」（加工貿易）というのは，来料（材料）加工，来様（サンプル）加工，来件（部品）加工と補償貿易の総称である。そして「三来一補」企業は，外国投資者との契約によって1979年から中国国内に出現した独特

な企業形態である。
9 「深圳成首個没農村城市」,『南方日報』, 2010年9月6日。
10 周大鳴によると, 1980年代以降の宗族は, 次の4つの現代的機能を持つ (周 2003: 6-7)。(1) 政治的側面：宗族は, 農民の利益を反映する新しいルートを提供した。(2) 社会的側面：農民たちは, 宗族の再建を通じて心理的・文化的満足感を得ることができる。これにより, 社会的コンフリクトが緩和され, 結果として農村の現代化には有利である。(3) 経済的側面：宗族の復興により, 農村間の連携が促進される。(4) 組織的側面：宗族と村民委員会の関係を相互促進の関係にすることができる。それ以外にも, 宗族の復興は, 村落社会に存在する難題を解決することができるという。
11 台湾（金門）と福建（厦門）を根拠とする鄭成功に対抗するために, 清朝政府は順治18年（1661年）8月に「遷海令」を発布し, 江南（現在の江蘇省と安徽省）, 浙江, 福建, 広東4省の海岸線から30里（広東省では50里）以内の地帯に居住する住民を強制的に内陸部へ移住させた。康熙3年（1664年）3月に2回目の遷海が行われ, 居住禁止の線はさらに内陸へ30里と設定された。遷海令は, 鄭成功の孫である鄭克塽が降服する（1684年）まで続いた。
12 羅湖区は, 深圳の中部に位置し, 香港に隣接している。面積は78.75 km², 常住人口は102.72万人（2017年）。もっとも早く開発された羅湖区は, 現在でも深圳の金融・商業の中心であるが, 80年代や90年代の古い町並みが多く残っている。羅湖区に現存する城中村の数は32村である。
13 香港に住むSG村出身者の数は1000人以上である。
14 金, 銀, 銅, 鉄, 錫の5つの金属をさす。
15 「SG企業公司」は, 1992年に「SG実業股份有限公司」に改名し, 一時期は大きな収益を得ていたが, 2007年以降は経営不振に陥った。それにより, 村民への配当がなくなった。2012年から, 村民の意見に応えるため, 「SG公司」は現金株を発行しはじめた。正門付近にある「TX楼」と「CY楼」への投資によるものである。配当は年に2回, 7月と1月に株主の口座に振り込まれる。TX楼とCY楼は, 主に飲食店やホテルとして使われている。しかし, 投資の資格と金額は規定されているため, 村民たちの主な収入にはならない。
16 SG村の村民たちは都市市民となったが, 外来者と区別するため, 以下では引き続き彼らを「村民」と呼ぶ。
17 区画整理のため立ち退きした人びとに補償として提供される住宅をさす。
18 深圳市博物館の展示資料「深圳, 香港広府民系部分姓氏家族発展表」を参

照（2013 年 7 月 23 日閲覧）。
19 詳細は，周大鳴（2003）のまとめを参照されたい。
20 『深圳商報』，2009 年 9 月 9 日。
21 第 1 回は，1957 年に起こり，当時は香港への移動制限が緩和されたが，大量の不法移民が生じ，SG 村からは 30 余名の村民が香港へ逃げたと言われる。第 2 回は，1960 年代初期の「三年困難時期」期間中にみられ，50 余名の村民が村を出て香港に渡っている。逃げた人のほとんどが村の貴重な労働力であったため，村の生産に多大な影響を及ぼした。そして第 3 回は，改革開放直前に発生し，逃げた村民の数は 3 回の中で最も多く，120 余名であった。
22 香港へ移住した村民も，香港にある特定の場所に集まり「盆菜」を食べる習慣を持つ。SG 村での祖先祭祀終了後の最初の日曜日に行うという。SG 村に住む村民も香港へ向かい参加することがある。
23 深圳にある他の城中村も，重陽節頃に祖先祭祀を行うことが多い。
24 一部の村民は，政府の土地収用を恐れ，先祖の遺灰をほかの場所に移したが，現状では，この山の土地はまだ収用されていない。
25 盆菜とは，大きな食器（どんぶり）に肉，海鮮や珍味などの食材を盛り合わせた料理であり，宋末から続く広東省沿岸地域と香港新界での食文化の 1 つである。めでたい時に食べるのが一般的であるが，深圳の城中村では，重陽節前後に行われる祖先祭祀に際して，「村」を挙げて食することが多い。
26 村民ではない人でも，村から許可を得た場合，宴会に参加することは可能である。しかし，その数は限られる。筆者が参加した 2014 年の「盆菜宴」は，14 時半頃から主にテーブルと椅子の設営から始まる。1 つのテーブルに椅子が 8 脚，テーブルの数は全部で 60 余り，約 500 人が集まる。15 時過ぎより，村民たちが次から次へと来訪するが，それらは主に女性である。宴会の開始時間は 17 時頃であるが，それまで，先に来た村民たち（香港に移住した者を含む）は久々に会ったからか，長らく雑談していた。代表のあいさつ無しで宴会が自然と始まり，およそ 1 時間程度で終了した。
27 約 600 年の歴史があり，数回に渡り増築・修繕されたが，老朽化が顕著である。また，生活に不便なところがあり，例えば，1990 年代後半まではトイレもなかったことなどが挙げられる。
28 潮州人とは，主に広東省の汕頭市，潮州市，掲陽市が中心となる潮州地域に居住し，現地の出身で現地の文化や言葉がわかる人びとをさす。広東省に位置するが，従来，政治の中心都市から遠く離れ，また内陸との交通の便が悪く，生産技術が遅れていたため，潮汕地区では「天任せの生活」が

形成され,それが原因で潮汕地区の民間信仰が強くなってきた(王 2009 を参照)。潮州人は,宗派とは関係なく,神様がいれば参拝するという習慣を持つ。
29 Lさん(男性,70代)は広東省内からの移住者で,1983年から旧跡の正門に付属する家屋に住み始め,2018年には,老朽化した家屋が倒壊する可能性があると言われ立ち退かれた。
30 深圳にある城中村が経営している株式合作会社,計853社の時価総額は1.5兆元を超えており,2013年深圳のGDP総額にも相当する(「蔡屋囲原住民毎戸年入逾百万」,『深圳商報』,2014年12月24日)。

参考文献

【日本語】

李培林(2006)「村落の終焉——都市内の村落に関する研究」若林敬子編・筒井紀美訳『中国人口問題のいま——中国人研究者の視点から』ミネルヴァ書房,161-186.

連興檳(2016a)「中国における都市化と『城中村』の再開発——深圳の都心部を中心として」『海港都市研究』11: 3-19.

連興檳(2016b)「現代中国における都市移住と商業ネットワーク——深圳の潮州系自営業者を事例として」『ソシオロジ』61(1): 23-41.

佐々木衞(2012)『現代中国社会の基層構造』東方書店.

田中信行(2011)「中国から消える農村——集団所有制解体への道のり」『社会科学研究』62(5・6): 69-95.

山崎春成(1987)『世界の大都市③メキシコ・シティ』東京大学出版会.

【中国語】

程瑜・劉思霆・厳韶(2010)《一個客家村落的都市化——深圳樟樹布村改革開放30年的発展與変遷》広東人民出版社.

儲冬愛(2012)〈城市化進程中的都市民間信仰——以広州"城中村"為例〉《民族芸術》2012年第1期: 69-75.

甘満堂(2007)《村廟與社区公共生活》社会科学文献出版社.

藍宇蘊(2003)〈都市里的村庄——関于一個"新村社共同体"的実地研究〉中国社会科学院研究生院博士学位論文.

藍宇蘊(2005)〈都市村社共同体——有関農民城市化組織方式與生活方式的個案研究〉《中国社会科学》2005年第2期: 144-154.

李培林（2002）〈巨変：村落的終結――都市里的村庄研究〉《中国社会科学》2002 年第 1 期：168-179.

李培林（2004）《村落的終結――羊城村的故事》商務印書館.

林美容（2010）〈台湾的神明信仰〉《閩台文化交流》2010 年第 1 期：82-88.

林拓（2007）〈地域社会変遷與民間信仰区域化的分異形態――以近 800 年来福建民間信仰為中心〉《宗教学研究》2007 年第 3 期：151-160.

林暁平（1997）〈客家祠堂與客家文化〉《贛南師範学院学報》1997 年第 4 期：50-55.

劉林平（2001）〈外来人群体中的関係運用――以深圳"平江村"為個案〉《中国社会科学》2001 年第 5 期：112-124.

劉志軍（2007）《郷村都市化與宗教信仰変遷――張店鎮個案研究》社会科学文献出版社.

馬航・王耀武（2011）《深圳城中村的空間演変與整合》知識産権出版社.

深圳経済特区研究会・中共深圳市委政策研究室・深圳市改革辦公室・綜合開発研究院（中国・深圳）編（2008）《深圳 28 年改革縦覧》海天出版社.

孫慶忠（2003）〈郷村都市化與都市村民的宗族生活――広州城中三村研究〉《当代中国史研究》2003 年第 3 期：96-104.

唐燦・馮小双（2000）〈"河南村"流動農民的分化〉《社会学研究》2000 年第 4 期：72-85.

陶思炎・何燕生（1998）〈迷信與俗信〉《開放時代》1998 年第 3 期：123-124.

田阡・孫簫韻（2007）〈城市化進程中的宗族変遷――以深圳龍西客家社区為例〉《広西民族研究》2007 年第 2 期：61-67.

仝徳・馮長春（2009）〈国内外城中村研究進展及展望〉《人文地理》2009 年第 6 期：29-35.

王漢生・劉世定・孫立平・項飇（1997）〈"浙江村"――中国農民進入城市的一種独特方式〉《社会学研究》1997 年第 1 期：56-67.

王文科（2009）〈潮汕遊神民俗的認同與思想解放的拓展〉《韓山師範学院学報》2009 年第 2 期：40-45.

楊聖敏・王漢生（2008）〈北京"新疆村"的変遷――北京"新疆村"調査之一〉《西北民族研究》2008 年第 2 期：1-9.

楊小柳・詹虚致（2014）〈郷村都市化與民間信仰復興――珠三角民楽地区的国家、市場和村落共同体〉《学術研究》2014 年第 4 期：38-43.

曽祥委（2002）〈東南宗族単姓村聚成因研究――以粤東豊順県為例〉《人類学與当代中国社会（人類学高級論壇 2002 巻）》黒竜江人民出版社, 183-199.

周大鳴（2003）〈当代華南的宗族與社会発展〉周大鳴ほか編《当代華南的宗族

與社会》黒竜江人民出版社, 1-18.

周大鳴（2006）《鳳凰村的変遷――《華南的郷村生活》追踪研究》社会科学文献出版社.

周大鳴（2016）〈従郷村宗族到城市宗族――当代宗族研究的新進展〉《思想戦線》2016年第2期: 1-7.

周大鳴・高崇（2001）〈城郷結合部社区的研究――広州南景村50年的変遷〉《社会学研究》2001年第4期: 99-108.

周鋭波・閻小培（2009）〈集体経済：村落終結前的再組織紐帯――以深圳"城中村"為例〉《経済地理》2009年第4期: 628-633.

周新宏（2007）〈"城中村"研究綜述〉《開放導報》2007年第1期: 42-44.

【欧米語】

Freedman, Maurice, 1958, *Lineage Organization in Southeastern China*, The Athlone Press of the University of London.（＝1991, 末成道男・西澤治彦・小熊誠訳, 『東南中国の宗族組織』弘文堂）

付記：本章は, 博士論文「中国における都市化と移住者の重層的展開」の第3章と, 『日中社会学研究』22号に掲載された研究ノート「中国都市における伝統的コミュニティの変容」をもとに加筆・修正したものであり, 深圳大学人文社会科学青年教師扶持項目（2018年度 85203/00000330）「中国華南地区的城市移居者與地方文化――以広東省潮汕地区為例（研究代表者：連興檳)」の研究成果の一部である。

おわりに──「生成する村」の視点からとらえる中国の村

閻 美芳・南 裕子

1. なぜ今，中国の農村にフォーカスするのか

新聞記者である林望は，2017年に自らの中国での取材経験に基づいて『習近平の中国──百年の夢と現実』という本を執筆した。この著書でなし得なかったことについて，林は次のように述懐している。

> 「数億人の農民の存在が抜け落ちているのは，あなた方外国人が中国を理解する上での一番の問題です」。山東省の貧しい農村に育ち，独学で法律を学んだ「盲目の人権活動家」，陳光誠に，私はこう言われたことがある。
>
> 実に耳の痛い指摘で，中国の農村を取材する機会は何度もあったが，方言の壁や外国人慣れしていない彼らの戸惑い，問題が起きないようにと神経をとがらせる地方当局の介入もあって，彼らの本当の声や暮らしぶりに触れたという手応えが得られたことは少なかったからだ (林 2017: 122-3)。

このように林は，中国への注目度が高まっていても，中国人のマジョリティである農民の暮らしまでは，外部者の目が届かないとい

う現実を告白しているのである。その意味で本書は，中国農民の声を拾おうと努力してきた日本および中国の研究者による数少ない実証研究の1つということができるだろう。本書の執筆者の誰もが，さまざまな困難を乗り越えて調査を継続できたのは，数多くの現地の研究協力者のおかげである。

2．「尺蠖の屈め」によって対応する中国農村

　本書は3部に分かれ，それぞれ「新農村建設」，「経費進村」，「農村観光と農家楽経営」，「城中村および農民工流入地における和諧社会の実現」がキーワードになっている。これらのキーワードはいずれも，国力をつけた中国政府が2000年代に入ってから都市と農村の格差を解消するために打ち出したスローガンから採られたものである。

　本書の各章における詳細な事例研究が明らかにしたのは，これら2000年以降の中国農村には，共通して「尺蠖の屈め」による対応が確認されたということである。尺蠖とは尺取虫のことであり，「尺蠖の屈め」という言葉の出典は易経である。日本では一般に「尺蠖の屈めるは伸びんがため」という形で使用される。尺取虫は前進するためにいったん身を屈めるが，それはその後で体を伸ばして前進するためである。そこから，この言葉は，将来の成功を得るために，一時の不遇を忍ぶべきことのたとえとして用いられる。つまり中国の村や村びとは，外部から強い力が加わると，受け身的な動きが観察されるようになるが，実はそうした動きをするのは，その後長く生き延びていくための方便なのであり，そこには対応の柔軟さと強靭さの両方を観察できるのである。

　例えば，第1章では，政府主導の「撤村併居」政策（いくつかの村を1か所の団地に集住させる政策）のもと，村びとが農民身分のまま団

地に移転させられる様子を扱っている。村びとは団地への集住を迫られ、生活条件の根本的な再編に直面していた。しかしながら、そこでは、移転を迫られた農民自身が「農民は国家から生活の保障をされるのは当然である」という正当性論理を持ち出すことで、団地の芝生をトウモロコシ畑にしたり、駐車場に土を盛って野菜畑にするなど、'アウトロー'的な行為も"正しい行為"であるとして、抵抗を示していた。

第2章では、都市への出稼ぎ者が続出し、村が過疎高齢化の難題に直面するようになった現状が報告されている。村に働き手がいなくなってからは、村道の修繕といった生活基盤にかかわる公共工事も放置されるようになっていた。ところが、村民同士の必要な手続きさえ踏めば、上位政府の「政府経費」を使うことができるとわかると、村びとたちは公共行事に対する情熱が刺激され、かつての共同生産単位である小組を、政府との交渉単位として復活させたのである。

第3章および第4章は、農家楽経営について扱っている。北京郊外の村には、ホテルチェーンを経営する大資本が進出するようになったが、それは村の高齢化の進展が農家楽経営権を外部へ賃貸することを促していたからであった。しかし他方で、農家楽経営権を外部へ貸し出すなどによって、村びとは固定収入を得る算段も整えていた。

第5章の朝鮮族の村では、村びとの多くが韓国へ出稼ぎに出たため、耕作放棄地の問題が発生し、さらに年寄りと子供だけが村に取り残されるという「留守」村固有の問題が噴出していた。しかし、民俗観光開発で民俗料理店に注目が集まると、その新たな担い手として、周辺の村から流れてきた漢民族の人を充てたのであった。

第6章では、村内工場が多数立地した東南中国の農村について、第7章では城中村が論じられた。いずれも外来人口と現地の住民

第三部　人口流動化の中の村の存続戦略

との社会融合が課題となる地域である。しかし，第6章では，「和諧社会」を形成するため，外来人口との懸け橋となる組織の必要性を地域社会は感じ，それを新たに設置したのであった。それに対して，第7章の城中村では，出稼ぎ者として流れ込んだ外来人口が，村の信仰の場を管理するようになっても，既存の村びとはさほど問題とはみなさなかったのである。

以上のような中国の村と村びとの「尺蠖の屈め」の対応は，本書が課題とする中国村落社会の秩序形成原理や自主性・自律性という観点からはどのように解釈できるのだろうか。次節で考察を続けよう。

3.「生成する村」

3-1　研究史との対話

そもそも中国の村に自主性や自律性があるのだろうか。本書の問題設定に対してこのような疑問を投げかける人もいるかもしれない。

確かに，日中の農村社会を調査した細谷昂はかつて，「中国の農村には家が，したがって村もない」と述べていた（細谷 1997: 408）。同じ「家」，「村」という漢字で表記されていても，日本と中国では，それが指し示す社会生活の実態が大きく異なっていることがここからもうかがえる。

中国史学者である福本勝清は，史料を読んでいくと，日本の村と中国の村との間には次のような違いがあるという。すなわち日本の村では，危機の時，村の実力者であっても，村を裏切って自分の家を守ろうとすることはできない。村は運命共同体なのである。それに対して，中国の村では，危機のときに守るべきはまず自分の家なのである。村の実力者も，他の村びとを犠牲にして自分の家を守る

ための打算的な行為に走ることがある。中国の村は「運命共同体ですらない」のである（福本 1998: 133）。

　だが，こう述べた福本は他方で，連帯感の低い中国の村も，非常時には「村の総力をあげなければ，人も家も生きていけない」場合があるのだという。例えば，土匪が横行した1920年代には，中国の華北農村において村単位で守衛を立てた場合があったという。福本はこのことを念頭に，次のように述べた。「中国の村は日本の村のような共同体ではなかった。村内の連帯感でさえ，その都度あらためて作り出さなければならなかったのである」（福本 1998: 120）。

　こうした中国農村の特質について，歴史学者の上田信（1986a, 1986b）は，早くも1980年代に，「磁場」論という形で論じていたことが知られている。「磁場」論とは，中国の農民を砂のようにバラバラであるととらえてはならず，たとえて言えば，砂鉄のようなものであるという考え方である。「村の中には，同族関係・行政組織などの回路が形成されており，この回路に電流が流れると，そこに一つの磁場が成立する」（上田 1986b: 13）。このような「磁場」論を展開することで，上田は，中国農村には独自の結合の形があることを認めていた。加えて上田は，中国の村びとが同族関係を通じると，村という枠を超えて外とつながる場合があることにも関心を示していた。

　中国法学者である寺田浩明は，平常時と非常時における中国の村びとの結びつき方の違いについて，次のように述べている。すなわち，中国の家々は財産の均分制をはじめとする生存競争に置かれており，その現実をふまえると，「（村落）社会の基本的な結合方式は，当然のように家々間の持ち寄り型になる」が，それでも「より強い互助の必要から一体的結集が求められることもあり，うまくゆけばそこにも『一時の斉心』の状況が達成される」という（寺田 2018: 124）。つまり，中国の村は平常時には「バラバラの砂」のように見

えても，非常時には村を枠組みとした「一時の斉心」が見られるというのである。

この種の指摘は，閻美芳（2013）にも見られる。閻は2000年代以降一般的に見られるようになった新農村建設政策，すなわち，いくつかの村を1か所にまとめたうえで団地に移住させる政策によって，「村の消滅」の危機に瀕した山東省新泰市の村を取り上げている。その村では，団地移転が村びと各々に迫るなか，私利を抑えてでも村を枠組みとした共同性を次第に高めていったことが報告されている。この平常時と非常時をつなぐ共同性は，村びとの日常のなかに源があり，宗族結合ばかりでなく，葬式時の相互扶助組織なども村の結合力に関係していたという。

これら諸研究にも示されているように，中国農村は，日本とは異なった構成原理で組織されていることが，次第に明らかになってきている。以上のことを踏まえて，本書の編者らは，中国の村には「共同性が生成する村」という固有の特徴があるととらえることにした。ここに焦点を当てることで，中国の村の秩序形成原理が明確に示され，かつその自律性・自主性が明らかになると考えたからである。

3-2 「生成する村」の平常時を支えるもの

流動性が高い中国の農村において日常生活を観察していると，優越しているのが各個人の打算的な行為であることがわかる。その一方で，村を枠組みとする共同性や連帯感は，生活戦略上の必要に応じてその都度つくりあげられるものである。このような中国農村のダイナミズムを社会学的にとらえようとすれば，日本の村や共同体概念を念頭においた，共同性と村の枠組みとをセットでとらえる考え方では説明できないことになるだろう。

そこで，差序格局といった二者関係から築かれるネットワークか

ら農村のダイナミズムを考察しようとする諸研究が台頭した。例えば，首藤明和は，中国の村落生活が村の中心人物の個人的資質に大きく左右されることを実証し，生活のダイナミズムを支える中国村落の構造的特徴を「村落の個人的性格」と呼んだ（首藤 2003: 175-7）。ほかにも，首藤らの中国村落研究成果を敷衍しつつ，改革開放後の小農経営に注目し，村有企業などを用いた多角経営によって"沸騰"する中国農村の実態に迫ろうとした研究も存在する（細谷昂ほか 1997）。

村における実力者の果たす役割に注目する視点は，本書でも取り入れられている。例えば，朝鮮族の村の中心人物である村長の活躍が村落の発展を支えた様子や，流動人口との融和が課題となるなか，外来人口中のエリートが住民間の橋渡し役になるなどの記述がそれにあたる。公的制度が生活全般を十分にカバーできていない中国では，中心的な人物を介在させたネットワークを駆使して共同性を高め，生活上のリスクに対応する場面が，現在も依然として多く観察できることがここからわかる。

その一方で，本書では，多くの既存研究が採用してきた枠組み，すなわち「村という枠組みをいったん脇に置いた上で，差序格局という二者関係から築かれるネットワークから中国の村落を考察していく」という視点に対しては，新たな見方を提起する。それは，「村という枠組みを前提とした共同性が生成されていく様子を中国の村のなかに見る」という方法であり，略言すれば「生成する村」という視角である。

本書では，この「生成する村」の視角から，日常的に見られる二者関係の背後にある「村を枠組みとした共同性のありか」を提示している。具体的には，第2章では，中国の農村では，平常時でも村を枠組みとするローカル・ルールや公平原則のあることが明らかにされている。そして，同様のことは，第3章，第5章からもう

かがえる。第3章では、一見すると、各家族の打算と利益最大化を図るために行われているように見える農家楽経営権の外部への賃貸も、村の広場における村びとの「公論」に基づいて、村独自の相場が形成されていたことが明らかになった。また第5章の朝鮮族の村には、助けの必要な村のメンバーに対する「何とかしなければ」ならないという思いとその実践の積み重ね、それによって形成された「いざとなったときは何とかしてもらえる」という村への信頼が存在していた。そしてこの信頼が、「留守」村の観光開発のベースになっていると論じられている。

「生成する村」の視角は同時に、中国の村のもつ次の特徴も明らかにした。すなわち、日本の村とは異なり、中国では村びと同士の連帯感が低く、村の連帯の必要性を感じない平常時は、各人の生活戦略と打算的行為が優越する社会となる。その背後には、第1章で指摘があったように、各人の生きる権利が、村という枠組みを経由することなく、たいへん抽象度の高い「国家」と直接つながっているという観念がある。そのため、村を枠組みとする連帯感は、日常ではめったに表に現れることがなく、人口流動化に対する村落社会の障壁も相対的に低くなる。その結果、たとえよそ者であっても、「差序格局といった二者関係から築かれるネットワーク」によって、現地の村びとと近い関係になる道が開かれるのである。

既存研究は、こうした日常生活の表面に現れた関係をもって中国村落の特徴としてきたが、本書では「生成する村」の視角から、二者関係の背後にある「村を枠組みとした共同性のありか」を示し、村を枠組みとする自治的な動きが、ある条件（政策誘導や外圧など）のもとで立ち現れるところに特徴があることを示した。これが前節でいうところの「尺蠖の屈め」の対応（屈んで伸びる）なのである。

3-3 社会主義体制下の「生成する村」

 上述のように,中国の農村社会では,個々の生活戦略と打算的行為が平時の基調であるが,村を枠組みとするローカル・ルールや公平原則といったものが平時の支えとなり,村が解体せずにすんでいる。「生成する村」を支えるこうした平常時のあり方は,中国の村の伝統的な村落文化としてとらえることができるだろう。

 それに加えて,中国が社会主義体制となってから形成された村の特徴も「一時の斉心」をもたらす力となっている。それは,土地の集団所有制である。村びとは,「集団」の一員として土地の使用権を分け与えられるのであり,また,集団の土地から生じる利益に対して持ち分を意識することになる。こうして個の利益とリンクする形で集団,集団の利益が認識され,ある一定地域を範囲にして共同／共通利益が存在することになる。

 第7章の城中村では,村の農地は収用されて無くなったが,補償金は村が経営する会社の資本金となり,集団の土地は別の形の集団財産に姿を変えた。それによって,村は村民に村への帰属意識を保持させ続けていた(近年は企業の不振によりその力は弱体化しているが)。また,第3章,第4章の北京郊外の村の「尺蠖の屈め」の対応は,村としての土地利用戦略が基礎をなしている。それに対して,第1章の天津の村では,村びとと土地との関係が切り崩され,この意味での村の枠組みは消失してしまったのである。

 土地の集団所有制,それによる集団財産の存在は,村の「内」と「外」の境界を形成する。城中村のように外来者との混住化が進み,社区居民委員会の選挙権が外来者にも与えられるようになっても,目に見えない「内」と「外」の境界線が存在していた。

 だが,本書で議論された事例地域での「尺蠖の屈め」の対応では,外来者を取り込み,村社会の一員にするようなことも見られた。第

5章の朝鮮族の村では,村の共同体文化として今日まで引き継がれた,村内の「厄介者」や「補助対象」に対して「何とかしなければ」という発想と実践を,村びとの中だけでなく村に入ってきた他者にも共有させていた。また,第6章の農民工流入地の「聯誼会」は,外来労働者の社会関係資本を地元地域社会が取り込んだものである。そして,第3章にあるように,北京近郊の官地村でも,外部経営者の受け入れ条件について村人の「公論」が機能していたが,それは村びとだけに閉ざされた議論の場ではなかった。また,外部経営者の多くは村に入るにあたって,村民と親戚関係にあったり,大家になる村民と以前からの顔見知り関係にあり,彼・彼女らと村社会を仲介する存在があった(第4章)。

こうして外来者も,生成する村の新たな担い手になりえるとすると,次に2つの論点が生じる。

1つは,担い手が変わることで,立ち上がる共同性には変化が生じるのであろうか。そうであれば,村は生成されながら作り替えられることになり,それはどのようなものとなるのだろうか。

そして2つ目は,上述の土地の集団所有制や集団財産とかかわる「内」と「外」の区別の論理と流入する外来者の地域への取り込みとの関係である。時と場合によってメンバーに段階性を持ちながら村が生成されることになるのか。そうなると1点目と2点目は相互に関連する問題となるだろう。

本書の事例でも,城中村においてかつては「村」社会を統合する機能を備えていた廟が,現在は潮州系移住者の信仰の場となり,維持管理されるようになっている。このことについて,村の商業を支える重要な存在となっている潮州人が,地元地域社会と融合していることを象徴していると見ることはできる。しかし,一方で,本村人がもはやこの廟を必要とせず,またSG公司や社区居民委員会,あるいは村民が管理コストを負担していないからこそ,よそ者にも

利用が開かれていると考えることもできるのである。

4. おわりに——「生成する村」から見る中国村落の今後

　中国農村の流動化，都市化はますます加速するだろう。今後については，まず大きく2つの方向性が考えられ，「生成する村」の視角からは，この2つの方向性のそれぞれに次のような中国の村の将来像を見いだすことができるだろう。

　第1に，大きな構造変動の下で村びとと農地との関係の希薄化が進み，村が消失する事態が各地で今以上に起きることが予想される。これは村の消滅という方向性であるが，その中にはさらに2つの将来像がある。1つは，村を枠組みとする共同性を葬り，村びと一人ひとりが，団地移転で都市住民の一員としての生き方を選択することである。そしてもう1つは，農地がなくなり行政上も「村」ではなくなっても，さまざまな「村社会」の遺物が，時には外来人口の力によって維持されることで，「生成する村」の可能性を残すことである。なお，本書では，人口流出が進み過疎により村が消滅する危機にあるような状況については議論できておらず，この点は今後の課題となる。

　第2に，農地や村の土地は維持される地域でも，村の人口の流動性は一層高まり，日常的な村びとの社会関係の希薄化は進行するであろう。だがそれでも，成都市の「経費進村」の事例でみられたように，人びとが呼び覚ますことのできるローカルな知や秩序形成原則が残存していれば，村は生成し続けるだろう。また，観光の先進地として経済的に自立度を高めてきた村や先駆的な取り組みをする農民工の流入地のように，流動人口を巻き込んで村が生成することも，中国農村の1つの将来像となるだろう。

　中国社会の変動の方向，そして将来の姿を議論することは難しい。

第三部　人口流動化の中の村の存続戦略

だが,「生成する村」の視角に立つことにより,村や村びとが「尺蠖の屈め」段階にあるかどうかを認識することができ,そこから次に伸びる方向をさぐる道が開かれるであろう。

参考文献
【日本語】
福本勝清 (1998)『中国革命を駆け抜けたアウトローたち——土匪と流氓の世界』中公新書.
細谷昂「おわりに」細谷昂・菅野正・中島信博・小林一穂・藤山嘉夫・不和和彦・牛鳳瑞著 (1997)『沸騰する中国農村』御茶の水書房, 407-415.
細谷昂・菅野正・中島信博・小林一穂・藤山嘉夫・不破和彦・牛鳳瑞著 (1997)『沸騰する中国農村』御茶の水書房.
林望 (2017)『習近平の中国——百年の夢と現実』岩波新書.
首藤明和 (2003)『中国の人治社会——もうひとつの文明として』日本経済評論社.
寺田浩明 (2018)『中国法制史』東京大学出版会.
上田信 (1986a)「村に作用する磁力について」(上)『中国研究月報』40(1): 1-14.
上田信 (1986b)「村に作用する磁力について」(下)『中国研究月報』40(2): 1-20.
閻美芳 (2013)「中国農村にみる共同性と村の公——山東省 X 村における農村都市化を事例として」『社会学評論』64(1): 55-72.

あとがき

　中国では，改革開放政策の開始からすでに40年が経過した。その中で，「はじめに」でも述べたことであるが，2000年代以降の農村社会の状況がこれまでとは異質ではないかと感じるようになった。本書の編著者の1人として，問題意識の出発点はここにある。村という地域社会の枠組みにおいて，共同性がいかに立ち上がるのか，または立ち上がらないのかを，今一度考えてみたいという思いを抱いていたのである。

　そうした時に，中国社会研究叢書の企画のお話をいただき，思いを形にする機会を得た。また，それとほぼ同時期に，自身が研究代表となる科研費を獲得することもできた。科研費の共同研究者の閻美芳先生にも，この研究叢書の担当巻の企画に加わってもらい，一橋大学の私の研究室や学食で，中国の村について議論を重ねてきた。それはとても刺激的な時間であった。そして時には微信も駆使しながら，編集作業を進めた。本書をまとめるあたり，心強い相棒を得たことに本当に感謝している。

　そしてさらに5名の方々に執筆をお願いすることができた。日中社会学会をプラットフォームとして研究交流をしてきたメンバーである。日中社会学会の大会での報告や学会誌に掲載された論文を通じて，本書のテーマに関して共に考えてもらえるメンバーであると思い打診したところ，ご快諾をいただいた。2017年7月には，本書の執筆に向けて合同研究会を開催した。この研究会は中国からのゲストスピーカー，コメンテーターの他に，学会メーリングリストで開催を知った学会員の方々の参加もあり，活発に議論が行われた。

このように，本書は，日中社会学会のもつ研究交流ネットワークが存分に活かされているのである。

また，中国社会科学院の陳嬰嬰先生は，長年にわたり，中国と日本の社会学者の共同研究や交流に尽力されてきた。ここ数年は，日中社会学会や日本村落研究学会の大会に参加するため頻繁に来日されており，その機会をとらえて，編著者の我々は陳先生と原稿の内容や本書のテーマについて意見交換を行ってきた。上記の合同研究会でも報告をお願いした。陳先生と折暁葉先生は，90年代初頭から，中国各地の農村でその変化を定点観察しており，本書第2章はその貴重な研究成果の一部である。もとの中国語原稿は，実はこの1.5倍はある分量であった。翻訳の際には大変残念ながら，紙幅の関係で，ご相談の上，大幅に割愛せざるを得なかった。

本書の内容のまとめは，「おわりに」で既に論じているのでここで繰り返すことは行わないが，本書の編集を終えて感じているのは，次の2点である。

1つは，農村ツーリズム研究のもつ広がり，可能性である。筆者は，これまで長く村民自治制度や基層社会における共産党のガバナンスを研究テーマとしてきた。しかし，外国人が，これを研究テーマに正面切って掲げて現地調査に入ることは，以前よりもむしろ難しさは増している。そこで，農村ツーリズムを研究の切り口にして，地域資源の利用形態や利用のための合意形成過程を探ろうとしてきた。また，観光の場として成立するためには，民宿を営む単独の農家の努力だけではなく，地域の面的な整備や魅力向上が必要である。そうであれば，地域社会において，ツーリズムの展開のため地域社会に何らかの共同性が立ち上がるさまを観察できるのではないかと考えた。本書では，筆者以外にも2つの章でツーリズムに従事する村の議論があり，それらはこのアプローチの有効性を示してくれた。

もう1つは，中国の村のもつある種の懐の深さである。それは，

いわゆる常識的に考えて（私の常識的感覚に過ぎないのかもしれないが），はた迷惑であったり，自分勝手と思われる存在やよそ者であっても，そこにいる限り生存の余地を周囲（地域社会）が残しておく，というような意味での寛容さである。これは，他者を認め，尊重することをベースに形成される多様性や包摂とはまた異なるもののようである。この点については今後引き続き考えていきたい。

　最後になるが，本書の各章は，すべて中国でのフィールドワークに基づくものであり，調査を受け入れて下さった地元の方々，また調査の実現のために間に入ってご尽力いただいた方々に対し，まずこの場を借りて心より御礼申し上げたい。

　また，本書の編集過程では，秋耕社の小林一郎氏のお手を大変煩わせてしまった。我々に根気よくお付き合いいただいたことに，記して感謝したい。

　そして，本叢書の企画を進めて下さった日中社会学会長・首藤明和先生，さらにこの企画に多大なるご理解・ご支援をくださった明石書店の大江道雅社長に深く御礼申し上げたい。

2019年3月8日

南　裕子

索　引

【あ】

圧縮された都市化……… 199, 201, 227
圧力団体… 26, 183-184, 192-193, 195
一事一議……………………… 62-65, 86
一時の斉心……………… 237-238, 241
上田信……………………………… 237
SG 公司 … 216, 219, 222-225, 228, 242
王春光………………………… 15, 28 179
応星………………………………… 32, 33
王銘銘……………………………… 97
公………………… 22, 25, 54, 92-95, 111,
113-114, 244

【か】

外来人員…………………………… 192
外来人口…… 26, 27, 177, 185-195, 203,
207, 235-236, 239, 243
合作社………… 131, 134-135, 152-153,
158-159
　専業合作社……………… 89, 103, 130
　農業合作社… 150, 153, 158-159, 167
ガバナンス……… 15, 18, 21-22, 24, 28,
62, 64, 67, 86-88, 118,
133, 139, 176, 246
観光開発…… 25, 91, 119-120, 160, 165,
168, 235, 240
観光資源……… 123, 128, 144-145, 151,
153-154, 158-159, 167, 169-170
観光実践……… 26, 143, 145, 156, 162,
165, 168-170

廿満堂………………………… 208, 220
規範化された行政観念……… 58, 59-60
旧住民……………………………… 196
旧村改造………… 101-103, 124, 127,
129, 133-134
行政村………… 14, 23, 77, 79, 149, 180,
204-205, 210, 227
郷土社会………………… 19, 199, 226
恵農政策…………………………… 17
経費進村…………… 24-25, 62, 67-71, 74,
76-78, 82-88, 234, 243
厳善平……………………………… 38
公共サービス…… 15, 24, 25, 28, 62-71,
73-77, 79-81, 83-88, 196
　村の公共サービス…… 62-64, 66-71,
73-74, 76, 84-87
公正の原則………… 25, 76, 78, 81, 87
黄宗智………………………… 92, 97, 179
項飚 ………………………………… 33-34
項目制…………… 63, 64-65, 69, 86-88,
118-119, 122
公論………………………… 112, 240, 242
小林一穂………………… 21, 28, 35-36
国家観念…………………………… 33-34, 36

【さ】

佐々木衛………… 22-23, 117-118, 138,
223-224
差序格局………………… 22, 93, 238-240
三農問題……………………………… 13, 67

自然村………… 14, 23, 28, 149-150, 204
事前の意思疎通……………… 77-79, 85
自治…… 15, 18, 22-24, 28, 87, 118-119,
　　122, 140-141, 171-172, 240
　村民自治…… 21, 133-134, 141, 246
　村落自治……………………………… 23
　自治組織………… 14, 63, 69, 114,
　　138-139, 211
　自治の空間………………………… 87
祠堂……200-201, 205-208, 210-219,
　　222, 224-226
「磁場」論 ………………………… 237
地元住民…… 26-27, 37, 180, 183, 186,
　　188, 191, 193
地元政府……… 33, 180, 184-185, 190,
　　195-196
　地元企業主および地元政府……… 190
地元民…… 26, 144-145, 184, 188, 195
社会関係資本……… 27, 176, 179, 184,
　　190, 193, 195, 242
社会保険………………………… 183
社会保障………… 184, 194-195, 227
　社会保障制度……… 26, 180, 191, 195
社会融合…………… 26, 176, 178-180,
　　182, 185, 195-196, 236
　社会融合問題………………180, 196
社区………… 13, 27-28, 35, 38, 68,
　　114, 120, 179, 200, 220, 227
　社区居民委員会……15, 205, 211-212,
　　214, 222, 225, 241-242
　社区工作センター…… 211-212, 225
　団地社区…………………… 54-55
　都市社区…… 200, 203-205, 210-211
　農民社区…………………………… 54
資本下郷………………………………… 16

尺蠖の屈め…… 234, 236, 240-241, 244
集住化………………… 15-17, 21, 35
周大鳴……………… 206-207, 214, 224,
　　226, 228-229
集団事件…………………… 183-184
集団所有……… 18, 73, 84, 138, 205,
　　223, 241-242
周飛舟………………………… 16, 18, 28
縮小による棲み分け…… 25, 134, 137
首藤明和……………… 3, 22, 239, 247
少数民族…… 26, 143, 145-149, 162,
　　170-171, 252
　少数民族の識別…………147-148
常住人口………… 18-19, 140, 194, 203,
　　227-228
城中村……… 15, 20, 27, 199-203, 205,
　　207, 209-210, 213-214, 222-223,
　　225-230, 234-236, 241-242, 252
新型農村社区建設…………… 15-16, 21
新旧住民…………… 185-186, 193, 196
人口流出……………………………143, 243
新住民………………… 190, 195-196
新農村建設……… 13, 15, 18, 24, 32, 34,
　　36-37, 60, 67, 116, 234, 238
神明信仰…… 206, 208-209, 214,
　　218, 220-226
スミス, A. H……………………………… 94
生成する村………… 233, 236, 238-244
生態村………………… 144, 151, 166-167
税費改革…… 13, 17, 62, 64-65, 87, 118
生民………………………… 24, 32, 59-60
折暁葉…… 24-25, 62, 88, 117, 138, 246
宗族………… 25, 75, 92, 95, 97-98,
　　103-106, 113, 118, 135, 179, 206-209,
　　214-217, 222-226, 228-229, 238

宗族信仰……… 206-209, 214, 225-226
村改居……………………… 15, 200, 227
村民委員会……… 14-15, 19, 42, 45, 51,
　　70-71, 78-79, 96, 104-105, 121, 138,
　　149-150, 152-153, 158-160, 162,
　　165-167, 169, 186, 188, 190, 192,
　　204, 210-211, 227- 228
村民委員会組織法…… 14, 19, 138, 166
村民議事会……… 70-71, 80-81, 83, 88
村民小組………… 23, 73, 76-77, 79-80,
　　82-84, 158, 190
村落合併…… 15-17, 67, 73, 77, 83-84
村落共同体………… 26, 169-170, 200,
　　206, 223

【た】
体情………………………………… 22
多姓村…………………………… 208
田原史起…………………… 22-23, 28
単姓村… 25, 92, 97, 113, 208-209, 212
団地移転………… 24, 32, 34-39, 42-44,
　　51, 54-55, 57, 60, 238, 243
地域の自律性…… 25, 61, 115, 119, 121,
　　131-132, 137, 142
中国朝鮮族………… 29, 146, 148-149,
　　155- 156, 173, 252
超級村落……………… 117, 138-139
張静………………………………… 95
陳嬰嬰………… 24-25, 62, 88, 90,
　　117, 138, 246
陳情………………………… 32-34, 51, 60
ツーリズム……… 26, 61, 114-115, 117,
　　120-123, 125-127, 129-134, 137,
　　139, 141-142
撤村併居………………………… 35, 234

寺田浩明………………………… 237
同郷会……………………………… 178
同郷的ネットワーク…………… 26, 176,
　　179-186, 190-196
都市化…………… 15-16, 18, 26-28, 35,
　　57, 66, 86, 102, 139, 141, 176,
　　199-207, 209, 211, 214,
　　223, 225-227, 232-243
　農村都市化… 61, 102, 201, 203-205,
　　211, 225
都市農村一体化……………… 15, 28, 70
土地使用権の売買………………… 137
土地崇拝………………………209, 222
土律師…………………………… 184

【な】
人間関係優先主義………………… 22
任哲………………………………… 57, 61
農家院… 125-126, 128-129, 131, 135
農家楽………… 25, 92-93, 95, 98-104,
　　108-114, 234-235, 240
農家旅館………………… 152, 164-165
農業税………………………… 13, 65, 67
農村社区建設…… 13, 15-16, 21, 27-28
農村振興策………………………… 13, 17
農村整備事業………………… 17-18, 124
農地転用………………… 16, 28, 137
農民工……… 66, 72, 100, 176-182, 184,
　　187, 196, 224-225, 234, 242-243
農民上楼………………………… 15

【は】
費孝通………………… 20, 22, 93, 94
廟…… 27, 200-201, 205-208, 210-211,
　　213-216, 218-226, 242

貧困対策事業……………………… 143
フリードマン, M. ……………207-208
分離戸……………… 45-47, 49, 51
ポスト郷土社会……………………… 19
細谷昂………………………236, 239
盆菜宴………………………217, 229

【ま】
媽祖……………… 213, 219, 221
溝口雄三……………………… 59, 61
南裕子………… 13, 23, 25, 28, 62, 103,
    115-116, 139-140, 142, 233, 247
民間信仰………… 199-201, 205-206,
    208-209, 213-215, 218, 222-223,
    225-226, 229-230
民俗観光………… 143-145, 150-151,
    153, 160, 162, 165, 168, 170, 235
民俗接待……… 123-131, 135, 137, 140
民俗文化……… 143, 151-153, 160-162
民俗旅游……… 123, 130, 134-135, 137
村社会………… 20-21, 25, 28, 60-61,
    118, 200-201, 205-206, 208-210,
    214, 223-227, 236, 241-243, 251, 253
村の機能不全………………………64, 67
毛里和子……………………… 33, 147
持ち寄り関係………………… 23, 224

【や】
閻美芳………… 22, 24-25, 32, 92, 135,
    233, 238, 245
有機農業…………… 153, 158-159
　有機・緑色農業…………………… 167
有機米…………………………… 150

【ら】
陸麗君………………………… 26, 176
李培林…… 200, 202, 205, 209, 222-223
流動人口………… 26, 176-185, 188, 193,
    194-196, 203, 239, 243
流入地………… 26, 176, 178-180, 185,
    195, 234, 242-243
林梅…………………20-21, 26, 143, 166
「留守」村 …… 143, 145, 167, 235, 240
礼治…………………………… 93, 113
聯誼会…… 27, 185-193, 195-196, 242
連興楹……………………… 27, 199, 232
老百姓………………… 34, 36, 56, 58
ローカルな知識… 25, 76, 81, 82, 85, 87

【わ】
和諧社会………………26, 185, 234, 236
和諧聯誼会……………………………… 185

●**編著者紹介**

南　裕子（みなみ　ゆうこ）[はじめに，第4章，おわりに，あとがき，第2章訳]
一橋大学大学院経済学研究科准教授。
慶應義塾大学大学院社会学研究科後期博士課程単位取得退学、修士（社会学）。
専門：中国の都市・農村の住民自治・ガバナンス論，農村開発論。
主な業績：「現代中国における農村女性の個人化とジェンダー問題」（井川ちとせ・中山徹編著『個人的なことと政治的なこと』彩流社，2017年）。「一般党員の意識・行動から見る中国共産党の執政能力——上海市民調査から」（菱田雅晴編著『中国共産党のサバイバル戦略』三和書房，2012年）。

閻　美芳（ヤン・メイファン）[第1章，第3章，おわりに]
宇都宮大学雑草と里山の科学教育研究センター講師。
早稲田大学大学院人間科学研究科博士後期課程修了，博士（人間科学）。
専門：農村社会学，環境社会学。
主な業績：「ムラ入り賦課金をめぐる『共在性』の論理——茨城県石岡市X地区におけるよそ者の分離／包摂の事例から」（鳥越皓之・足立重和・金菱清編著『生活環境主義のコミュニティ分析——環境社会学のアプローチ』ミネルヴァ書房，2018年）。「北京オリンピックを契機とした有機農業の伸長と村の対応」（松村和則・石岡丈昇・村田周祐共編『「開発とスポーツ」の社会学——開発主義を超えて』南窓社，2014年）。

●**執筆者**

陳　嬰嬰（チン・エイエイ）[第2章]
中国社会科学院社会学研究所研究員。
中国社会科学院社会学研究所，博士（社会学）。
専門：社会調査方法，社区（コミュニティ）研究。
主な業績：『中国沿海発達地区社会変遷調査』（沈崇麟と共著，社会科学文献出版社，2005年）。『社区的実践——"超級村庄"的発展歴程』（折暁葉と共著，浙江人民出版社，2000年）。

折　暁葉（セツ・ギョウヨウ）[第2章]
中国社会科学院社会発展研究院研究員。
南開大学社会学系，修士（社会学）。
専門：組織社会学、社区（コミュニティ）研究。
主な業績：『社区的実践——"超級村庄"的発展歴程』（陳嬰嬰と共著，浙江人民出版社，2000年）。『村庄的再造——一個"超級村庄"的社会変遷』（中国社会科学出版社，1997年）。

林　梅（リン・メイ）［第5章］
関西学院大学社会学部非常勤講師。
関西学院大学大学院社会学研究科博士後期課程修了，博士（社会学）。
専門：社会学。
主な業績：「錯綜する民族境界――タイ族の観光化を事例に」（荻野昌弘・李永祥編『中国雲南省少数民族から見える多元的世界――国家のはざまを生きる民』明石書店，2017年）。『中国朝鮮族村落の社会的研究――自治と権力の相克』（御茶の水書房，2014年）。『フィールドは問う――越境するアジア』（共編著）（関西学院大学出版社，2013年）。

陸　麗君（リク・レイクン　Lu Lijun）［第6章］
福岡県立大学人間社会学部准教授。
一橋大学大学院社会学研究科博士後期課程修了，博士（社会学）。
専門：地域社会学，都市社会学，華僑・移民研究。
主な業績：「越境にともなう起業と社会圏の形成――関西地域の新華僑・華人の経済活動を中心に」（『日中社会学研究』25，2017年）。「華人・華僑の移住と同郷的なネットワーク」（『評論・社会科学』119，2016年）。「日本农村共同关系的发展以及对中国农村的启示」（中国語）（『21世紀東アジア社会学』5，2013年）。

連　興檳（レン・キョウヒン）［第7章］
中国・深圳大学外国語学院助理教授（講師），深圳大学移民文化研究所兼任研究員。
神戸大学大学院人文学研究科社会動態専攻博士課程修了，博士（文学）。
専門：都市社会学，地域研究。
主な業績：「現代中国における都市移住と商業ネットワーク――深圳の潮州系自営業者を事例として」（『ソシオロジ』61（1），2016年）。「中国における都市化と『城中村』の再開発――深圳の都心部を中心として」（『海港都市研究』11，2016年）。

中国社会研究叢書　21世紀「大国」の実態と展望　5
中国の「村」を問い直す
――流動化する農村社会に生きる人びとの論理

2019 年 4 月 30 日　初版第 1 刷発行

　　　　　編　著　　　南　　裕　子
　　　　　　　　　　　閻　　美　芳
　　　　　発行者　　　大　江　道　雅
　　　　　発行所　　　株式会社明石書店
　　　　　〒101-0021 東京都千代田区外神田 6-9-5
　　　　　　　　　　　電話 03 (5818) 1171
　　　　　　　　　　　FAX 03 (5818) 1174
　　　　　　　　　　　振替　00100-7-24505
　　　　　　　　　　　http://www.akashi.co.jp
　　　　　組　版　　　有限会社秋耕社
　　　　　装　丁　　　明石書店デザイン室
　　　　　印刷・製本　モリモト印刷株式会社

(定価はカバーに表示してあります)　　　　　ISBN 978-4-7503-4833-9

JCOPY　〈(社)出版者著作権管理機構　委託出版物〉
本書の無断複写は著作権法上での例外を除き禁じられています。複写される場合は、そのつど事前に、(社)出版者著作権管理機構（電話 03-5244-5088, FAX 03-5244-5089, e-mail : info@jcopy.or.jp）の承諾を得てください。

中国社会研究叢書
21世紀「大国」の実態と展望

首藤明和（日中社会学会 会長）［監修］

社会学、政治学、人類学、歴史学、宗教学などの学問分野が参加して、中国社会と他の社会との比較に基づき、何が問題なのかを見据えつつ、問題と解決策との間の多様な関係の観察を通じて、選択における多様な解を拓くことを目指す。21世紀の「方法としての中国」を示す研究叢書。

❶ 中国系新移民の新たな移動と経験
―― 世代差から照射される中国と移民ネットワークの関わり
奈倉京子 編著　　　　　　　　　　　　　　◎3800円

❷ 日中韓の相互イメージとポピュラー文化
―― 国家ブランディング政策の展開
石井健一、小針進、渡邊聡 著　　　　　　　◎3800円

❸ 下から構築される中国――「中国的市民社会」のリアリティ
李妍焱 著　　　　　　　　　　　　　　　　◎3300円

❹ 近代中国の社会政策と救済事業
―― 合作社・社会調査・社会救済の思想と実践
穐山新 著

❺ 中国の「村」を問いなおす
―― 流動化する農村社会に生きる人びとの論理
南裕子、閻美芳 編著　　　　　　　　　　　◎3000円

❻ 中国のムスリムからみる中国
―― N. ルーマンの社会システム理論から
首藤明和 著

❼ 東アジア海域から眺望する世界史
鈴木英明 編著

❽ 日本華僑社会の歴史と文化――地域の視点から
曾士才、王維 編著

❾ 現代中国の宗教と社会
櫻井義秀 編著

❿ 香港・台湾・日本の文化政策
王向華 編著

〈価格は本体価格です〉